# 高功率微波是什么？

邵浩　著

国防工业出版社
·北京·

## 内 容 简 介

本书是一部简要介绍高功率微波技术的科普图书，希望用轻松的语气和浅显的道理解释清楚五个问题：高功率微波到底是什么？高功率微波是怎么产生的？高功率微波有什么用？高功率微波怎么用？高功率微波为什么这么用？以及在这五个问题背后隐藏的一些基本知识。

**图书在版编目（CIP）数据**

高功率微波是什么？/邵浩著．—北京：国防工业出版社，2023.9（2023.12 重印）

ISBN 978-7-118-13047-8

Ⅰ.①高…　Ⅱ.①邵…　Ⅲ.①大功率—微波技术
Ⅳ.①TN015

中国版本图书馆 CIP 数据核字（2023）第 172710 号

※

国防工业出版社出版发行

（北京市海淀区紫竹院南路 23 号　邮政编码 100048）

北京龙世杰印刷有限公司印刷

新华书店经售

*

**开本** 710×1000　1/16　**印张** 9¾　**字数** 116 千字

2023 年 12 月第 1 版第 2 次印刷　**印数** 1501—3000 册　**定价** 78.00 元

---



国防书店：（010）88540777　　书店传真：（010）88540776

发行业务：（010）88540717　　发行传真：（010）88540762

# 前　言

在本人不算十分漫长的高功率微波技术从业生涯中，很多人曾经问过我同样的问题：高功率微波到底是什么？高功率微波是怎么产生的？高功率微波有什么用？高功率微波怎么用？高功率微波为什么这么用？这些问题出自不同性别、不同星座、不同血型、不同层次、不同背景、不同目的以及不同用意的人之口，口气千奇百怪，我无法用他们希望的方式来一一作答。

在从业生涯里，我也读过许许多多有关高功率微波技术的书，甚至还参与翻译过一本这方面的专著。但是，读过这些书以后基本上都让我心情沉重。我们的确能像淘金一样从这些书中发现一些有用的东西，学到一些道理，但是仍旧弄不懂。

为此，我想写一本简要介绍高功率微波技术的科普图书，希望用轻松的语气和浅显的道理向大家解释清楚这 5 个问题，以及在这 5 个问题背后隐藏的一些基本知识。我一直认为，任何一门学科都是由一系列非常浅显的道理所支撑，而不是由那些所谓的深奥莫测的理论体系所蒙蔽。

当然，这也只是玩笑话，理论体系实际上对于一门学科来讲非常重要，是科学这座象牙塔的根基，但是对于想要了解并初学一个领域的大众来讲，只讲理论太过于阳春白雪，一般人顿时会没了兴趣。所以本书会尽量避免讲理论，以讲道理的方式让大家明白一些基本的知识，在未来遇到这门学科时不再迷茫不解。同时，我也认为，自然科学和人文科学是相通的。许多自然科学中探究的问题与我们生活中遇到的极其相似，只要懂得了生活的道理，千千万万道理就会触类旁通。老子在《道德经》里说，“道生一、一生二、二生三、三生万物”，万物合道而生，逆道则亡。没有什么科学是高高在上的，也没有什么科学可以超出“道法自然”的天理。科学技术来源于生活，自然可以用生活的道理讲清楚。

我还认为，搞科研根本不需要什么高深的科学知识。只要读过初中、高中，做科研的基础就已经完全具备，大学学了什么并不重要。自然科学研究只需要一分的物理和数学知识加上九分的对未知世界永无止境的好奇心和征服欲，足够了！那些读到博士后只是为了找一份工作而没有对自然的好奇心和征服欲的人，一定做不好一个科学人。科学研究不是拿来糊口的技艺，它是更高层次的精神追求，每天为稻粱谋的人是做不好科研的。所以说真正的科学家是一群非常纯粹的人，一般人做不了，所以我希望同学们如果发现哪天对科学有兴趣了再搞科学研究，不能把科学研究当生意做。基于以上基本判断，我衷心提醒那些未来希望成为科学家的小朋友，学好初中、高中课本。中学课本虽然现在看起来无聊，其实对未来的人生最管用，要不然卖菜都要算错账。可是，这些道理虽然我懂了，但是要让中学生懂太难了，因为人在不同年龄读同样的书会有不同的感悟，比如小时候读《西游记》中唐僧过女儿国，彼时认为他是又躲过了一劫，现在看来，他是错过了一生。真希望那些立志成为科学家的同学们，不要错过你们的一生。

由于本书要用生活的道理来解释高功率微波技术中的一些问题，在这本书中便用很多的比喻，调侃了几个专家和教授，还包括我的发小李野，希望你们千万要一笑了之，不要介意。毕竟你们都是我的朋友，我才敢调侃。而且你们要坚信，我是爱你们的，没有你们的付出和努力，高功率微波就没有灿烂的过去和辉煌的未来。李野虽未对高功率微波做出过直接贡献，但他总能在我迷茫彷徨时给我鼓励,无助退缩时请我吃饭,教我坚毅望着前路,叮嘱我跌倒永不放弃。

谨以此书献给那些不懂高功率微波的人、半懂不懂高功率微波的人、想懂高功率微波的人和那些想搞懂高功率微波的人,这个事业的未来把握在你们的手中,它是新兴事物,像一个幼儿园的孩子,很多东西还要学习,很多问题还需要进一步探究,因此不要太苛求,同时也希望得到你们的厚待。如果有了你们的支持,它的未来一定会光明无限!

作者

2020 年 10 月

# 目　　录

# 第1章　什么是高功率微波？

要讲“高功率微波”，首先我认为要考证一下微波这个词的来源，19世纪欧洲科学大发展时期我们中国在到处打仗，用得最多的是《孙子兵法》，科学此时还无甚大用，群众关心的主要是能不能吃饱饭，至于自然界是由什么组成的、靠什么规律运行真是距离生活太远，穷人只关心吃饱饭、能活命。中国现在的科学家可以说是生当其时，要在之前，空有一身绝顶的科学本领，也只能去研究砍柴时从什么角度下刀才节约力气些。

回到正题，还是说说“微波”是从哪儿来的吧。1831年英国法拉第发现了电磁感应现象；此时清朝政府改革盐政，湖南瑶民在闹起义，还死了几个会琴棋书画的名人，1873年，剑桥大学高材生麦克斯韦总结了前人的工作成果，编写了《电磁理论》，为电磁学的发展奠定了重要的理论基础，从理论上预言了电磁波的存在；这一年，是中国农历的鸡年，世界金融危机大爆发，中国因为闭关锁国倒是没什么大事，清政府一如既往地走向崩溃。1888年，德国的海因里希·鲁道夫·赫兹利用试验证实了电磁波确实存在，为后续的电磁波应用开启了上帝之门；这一年，清政府想励精图治，扎扎实实为国家办两件实事，成立了台湾省和北洋水师，然而命生水火，这两件事的结果都是一声叹息。

但中国人从来不缺少聪明才智，我们有伟大的预言家，虽然我们的科学没有建立在严密逻辑下用数学语言来描述，但是我们有灿烂的文学，它预言了很多事，包括电磁波。

东汉末年伟大的文学家曹植在《洛神赋》中曰:“……余情悦其淑美兮,心振荡而不怡。无良媒以接欢兮,托微波而通辞……”这位伟大的文学家不仅预言了微波的最主要特征——“振荡”,同时也预言了微波的应用——“通辞”,干脆也替我们给电磁波下了个定义“微波”。俗话说“七十二行,行行有祖师”,盖房子的祖师是鲁班,做生意崇拜的是赵公明,教坊女供的是柳如是,我们以微波谋生的人怎能没有宗师,因此,极力推荐曹植上位微波界祖师。

说到这儿,还是没讲微波是什么,其实不用讲,因为你如果连微波是什么东西都不知道,我看也就不用读这本书了,这本书是为了立志于搞懂高功率微波技术的非初学者的进阶普及读物,不是严格意义上的专业图书,更不是什么消遣读物。如果真想学习微波的基础知识,请参考《微波技术基础》。

我的发小李野曾问过一个非常深奥的问题,“高功率微波到底是什么东西？你给我普及普及。”对于他这个学历不高的人来讲,这确实是一个深奥的命题,怎样才能把这个阳春白雪包装成酸豆包让他明白,着实费力。我打个比方,比如说一坨面,你如果要把它做成一根油条,它就又细又长,如果想要把它做得霸气一点,可以拍扁做成山东杂粮煎饼,它就又短又粗。常规微波可以看作是油条,高功率微波可以看作是杂粮煎饼。李野又问,“那高功率微波的功率到底有多高?”我又打个比方,比如一个人在用手机打电话,突然被一个炸雷劈了,它们两个功率的区别就是常规微波与高功率微波的区别。

对于学历高一些的人,这里给出高功率微波的定义:高功率微波(High Power Microwave,HPM)是指频率在300MHz~300GHz、脉冲功率在100MW以上(一般大于GW)或平均功率大于1MW的强电磁辐射。高功率微波与通用微波相比的最大特点就是功率特别高,脉宽特别窄,这里请注意这两个“特别”。如果还非要说其他特点，那就是产生特别麻烦，用起来特别麻烦，效应评估也特别麻烦。

高功率微波技术是脉冲功率技术与相对论微波电子学、等离子体物理结合形成的一个新学科。有些人可能看不懂这个，我稍微解释一下。20 世纪 70 年代，一帮搞核武器的科学家突然意识到，整天东一颗西一颗地炸原子弹来验证新技术在提高核爆威力方面的作用实在是费钱，而且再试验几年估计地球上就被污染得没几个地方能住人了。于是，一帮人一合计，是不是搞一些试验装置模拟一下核爆炸时的极端环境条件从而替代核试验，于是作为核爆炸模拟技术的脉冲功率技术就应运而生了。又过了几年，这些科学家又一琢磨，这些装置除了做核爆炸模拟还有什么用呢，试试能不能用来产生一些超高功率的其他东西出来，于是有了强激光与高功率微波。

高功率微波到底是谁首先产生和测量到的呢？俄罗斯人和美国人的争论从未停止过，俄罗斯科学院的 A. Mesyetz 院士和美国康奈尔大学的 J. Nation 教授都有可能是先驱者之一。不过，这对我们来讲并不重要。

20 世纪 90 年代是高功率微波漫长一生中的灿烂花季，俄罗斯和美国的研究者们利用大型脉冲功率装置的优势不断刷新功率排行榜上的数值，同时也不断拓宽高功率微波覆盖的频率范围，衡量这些进展的一个参数为 $pf^2$，它隐含的意思就是频率越高，功率提升就越困难。一般书上会配上一张图，把世界上各国各个阶段做的各种类型的微波源输出功率表列在图上，证实这个观点是对的，但我不想这么做，为什么呢？因为麻烦，且不全面。经过多年的进步和发展，$pf^2$ 这个数字从高功率微波起源发展至今从 1 左右提升至约 1000，以后还会有缓慢的提升，但是部分微波产生器件的物理极限已接近，就像奥运会上的 100m 短跑纪录，现在再提升 0.1s 都十分困难，即使博尔特也不行。我们搞科学的人不能作假，行就是行,不行就是不行。

高功率微波包括窄谱高功率微波和超宽谱高功率微波两种,但这些年还发展出了一种叫作宽谱高功率微波的东西,实际上只是把窄谱高功率微波的瞬时带宽展宽些,没有什么新东西。如果按照前面的定义,还应该包括 100 ~ 300GHz 甚至太赫兹微波系统,只不过这几年国内太赫兹研究过热,参与研究的单位像当年改革开放之初大街小巷里的录像厅一样,如雨后春笋,到处都是。从大学到科研院所,从企业到公司,林林总总加起来有 50 家单位,把这事儿忽悠大了,因此干脆就另立门户了。所以下面的内容不再涉及太赫兹方面的研究内容,感兴趣的人可参见太赫兹科学与技术的相关书籍和期刊。

窄谱高功率微波是一个有载频的、短的微波脉冲,一般脉宽几纳秒至百纳秒,示意见图 1 - 1。窄谱高功率微波的频谱如果不包含前后沿的因素,瞬时带宽一般为几兆赫到几十兆赫,因此称为窄谱。由于其瞬时带宽窄,所以发射天线的增益可以做得非常高,因此作用距离可以很远。超宽谱高功率微波严格来讲是一个超短电脉冲,脉冲前沿一般为几十到几百皮秒,脉冲后沿一般为纳秒量级(图 1 - 2)。这种电脉冲利用傅里叶级数在频域展开后能覆盖几十兆赫到吉赫的频段范围,因此称为超宽谱。由于瞬时带宽太宽,所以很难设计一种天线可以高增益地发射所有频谱的能量。这好比一群人吃饭,有人爱吃拉条子,有人爱吃比萨,这用一个锅是做不出来的,如果做出来了也肯定是大杂烩,谁的胃口都对不上。因此,超宽谱发射天线为了照顾带宽而在各个频点增益都不高,导致其作用距离也不远。

高功率微波系统一般由几个分系统组成,像人一样,中学的生理卫生课告诉我们,人体由血液循环系统、呼吸系统、消化系统及生殖系统等组成。同理,高功率微波系统一般由脉冲功率源、高功率微波产生器件、传输与发射及测量系统组成,这些系统并非缺一不可。如超宽谱高功率微波系统,它就没有高功率微波产生器件,但是它很有用。

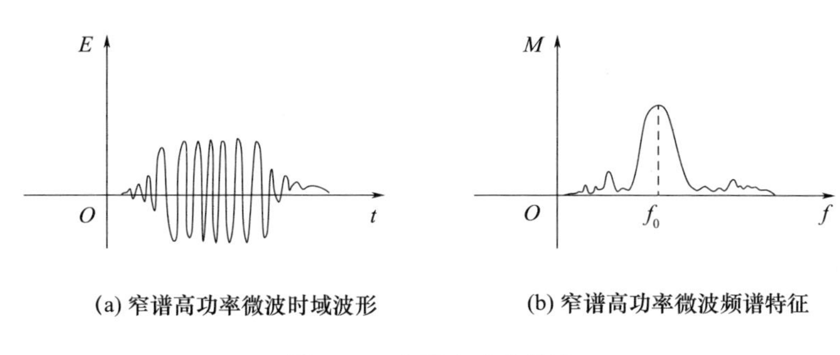


(a) 窄谱高功率微波时域波形　(b) 窄谱高功率微波频谱特征

图1-1　窄谱高功率微波

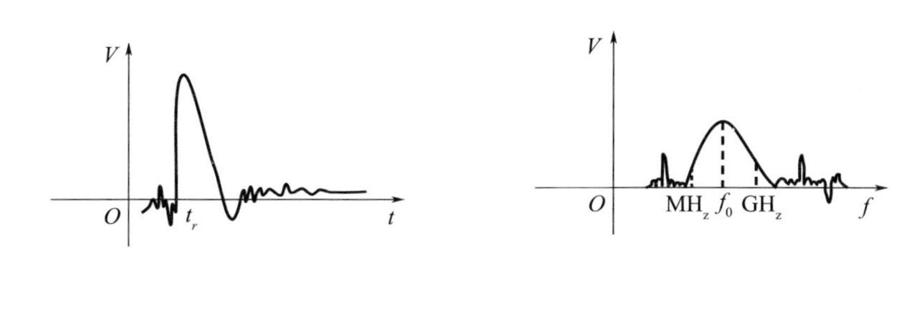


(a) 超宽谱高功率微波时域波形　(b)超宽谱高功率微波频谱特征

图1-2　超宽谱高功率微波

脉冲功率源就是高功率微波系统的电源,它主要为系统提供工作的电功率,因此需要把长时间(秒级)低功率(千瓦级)的市电通过一级一级的压缩变成短时间(纳秒级)高功率(十吉瓦级)的电脉冲。高功率微波产生器负责把电功率转化为微波功率,通常是首先把电功率转化为电子束功率,再把电子束功率转化为微波功率。

高功率微波传输与发射系统负责把产生的高功率微波发送到目标上,这在传统微波中用到的是波导和天线,高功率微波也用,不过在这儿要变大,当然也不是简单地变大,如果简单变大就行,那岂不是太简单了。功率太大时会在传输通道、辐射窗口发生击穿,形成的等离子体会导致微波脉冲发射效率降低甚至完全阻挡发射通道。

当然,高功率微波系统中还有控制分系统,这个分系统与其他系统的控制原理基本相近,但是在这里必须重点考虑系统工作时的强电磁干扰和射线干扰,如果这个做不好,系统控制器本身就会被扰乱而不能有效工作。

高功率微波技术的蓬勃发展经历了近40载,原来是你做5GW我就做10GW,你报道10GW我就报道15GW,这个过去的小时代我们称之为“功率攀比”时代。

现在更多的研究侧重于瞄准应用,包括提高单脉冲能量、工作重复频率、系统效率、小型化以及合成等技术,同时逐步实现高功率微波脉冲的可控性,如锁频、锁相。还有一个贯穿始终的研究工作就是有关高功率微波脉冲缩短的抑制。

十几年前,大多数高功率微波源的功率效率为10% ~20%,而能量效率一般不超过10%,原因就是脉冲缩短,即产生的高功率微波脉冲宽度远小于提供脉冲功率的电子束脉冲宽度,称为“脉冲缩短”。现在高功率微波源的脉冲缩短得到了充分研究与关注,能量效率也得到大幅度提升,但不同类型的高功率微波产生器件提升的幅度不大相同,这在后面的不同典型类型高功率微波产生器分类讲述中将详细给出。

下面将分别给出高功率微波从产生到辐射再到效应,一直到系统和应用所涉及的一系列相关技术和发展现状的基本描述和讨论,本书尽量避免公式和不知所云的理论推导过程。如果有的同学想从这本书上抄些公式写文章或是做学位论文,估计要失望了,等你翻完全书就会发现,本书只讲道理、不讲理论。

# 第2章 高功率微波系统用什么电源?

人干活要吃饭,高功率微波系统工作要用电,这是常理。通常来讲,我们人类吃东西不会直接吃生肉和刚刚收割的麦粒,总是要加工一下再吃。同样道理,要想产生高功率微波,一定不是拿个插头插墙上就行,肯定是要用某种设备把通用的电能转换为高功率微波产生能用的电能形式,这个设备就称为脉冲功率驱动源。换句话说,它就是把市电加工成为高功率微波产生器件能用的电脉冲的工具。脉冲功率驱动源类型多多,什么电容储能型、电感储能型等不一而足,其实目的只有一个,就是把低压、长时间的电能,在时间尺度上进行压缩,输出短时间的高电压和大电流。传统的微波系统电源工作电压一般不大于100kV,系统阻抗在千欧量级。大多数高功率微波源的工作电压一般为几百千伏到兆伏量级,工作阻抗在几欧到百欧量级,所以工作电流也相当大,从几十千安到百千安量级。

脉冲功率驱动源最常用的系统构成是初级电容储能和脉冲形成系统。它们之间的分工就像酒店后厨的红白案师傅和掌勺大厨,红白案师傅准备做饭的材料,切好、搭配好,最后由掌勺大厨烹制出佳肴美味。当然,大部分情况下还会有一个脉冲传输线,这个相当于饭店端菜的服务员,负责把电脉冲传输到高功率微波产生器件,它的作用其实也相当重要。

当年有幸聆听清华电子系白秀廷先生讲授的“脉冲功率技术”。白先生的中文不是十分流利,所以着急时或看我们一脸懵懂时通常讲英文,他认真的神情充裕着学者的睿智和大家风范。从这门课上我学到了脉冲功率驱动源产生的电脉冲宽度由脉冲形成线决定,当脉冲形成线向匹配负载放电时,他的能量输出时间等于形成线中电磁波往返一次所需要的时间。

$$\tau = \frac{2\sqrt{\varepsilon_r}}{c}L \tag{2-1}$$

这里所讲的脉冲形成线和传输线一般采用同轴电缆,它不是一般的同轴电缆,由于传输电压很高、电流很大,所以要粗很多,通常由加工的导体内外筒中间填充介质构成。既然是同轴电缆,那么就有一个特征阻抗,表示为

$$Z = \frac{1}{2\pi}\sqrt{\frac{\mu}{\varepsilon}}\ln\frac{b}{a} \tag{2-2}$$

上面两个公式是本书中仅有的两个即使是初中肄业水平都能看懂的,提醒大家珍惜,后面再也没有啦。如果负载与同轴传输线的特征阻抗匹配,那么能量传输效率最高;反之就会降低。其实,不匹配也没关系。这里说的不匹配有两种情况:一种是负载阻抗低于传输线阻抗;另一种是负载阻抗高于传输线阻抗。前一种不太常用,后一种常用,主要是为了提高负载处的电压。

目前,大部分高功率微波系统采用的脉冲功率驱动源主要有两种,一种是 Marx 发生器类型的,这是德国科学家 Erwin Otto Marx 1924 年提出的。另一种是脉冲变压器类型的。对了,差点忘了,还有一种叫磁场储能型的脉冲功率源,由于这些年研究的结果发现这种类型源输出的高压脉冲波形不太适用于高功率微波产生,后来就用去干其他的事情了。当然还有其他一些类型的脉冲功率源,在后文也会简要介绍。

## 2.1　Marx 发生器型驱动源

Marx 发生器的电路原理就是使多个电容器并联充电,然后再串联放电(图 2-1)。因此,得到的放电电压等于充电电压乘以电容器的个数,从而得到高电压输出。工作时,Marx 发生器向脉冲形成线充电,脉冲形成线在达到一定电压值后通过开关脉冲传输线放电,最后在脉冲传输线末端的电子束二极管上形成高电压脉冲。现在听起来简单吧,其实想想 90 多年前能想到这个办法已经是不简单了,当时欧姆定律还没有被总结出来写到教科书里,那时候我们还在军阀混战,老一辈革命家们还在谈第一次国共合作,根本没有人腾出时间琢磨这个事儿。

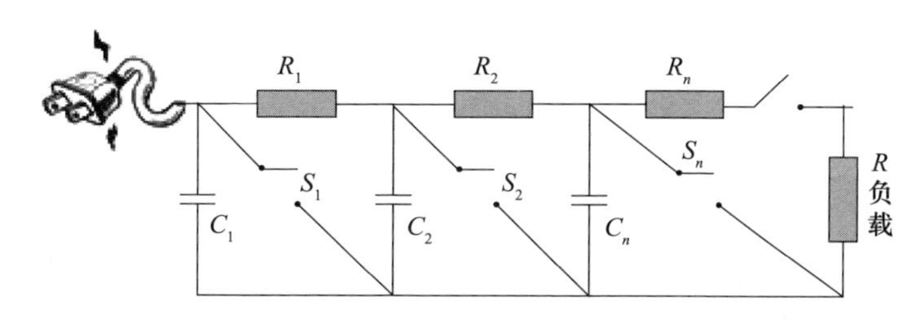


图 2-1　Marx 发生器原理图

Marx 发生器是靠什么实现并联充电、串联放电的?“一堆气体开关”在充电时是不导通的,在电容器充满电时,通过外触发脉冲使这些开关瞬间导通变为导体,把这些电容器串联起来放电得到高压输出。为什么要采用气体开关而不用更方便控制的半导体开关呢? 答案是:电压高、电流大,没别的用。

这里又提到了一个“电子束二极管”,这又是什么? 我本来不想在这儿讲,准备放在下面讲高功率微波产生器件时再介绍,但是又怕有强迫症的同学们乱翻书打断思路,还是在这儿讲了吧。电子束二极管就是一个在高电压下产生电子束的装置(图2-2)。为什么叫二极管而不是三极管或多极管?是因为电子束二极管有一对阴极和阳极,所以只能叫二极管。脉冲功率驱动源产生的高电压加载在阴极和阳极之间,当阴极表面电场超过阴极材料场致发射阈值时,电子束从阴极发射出来,在电场下加速向阳极移动,形成束流。

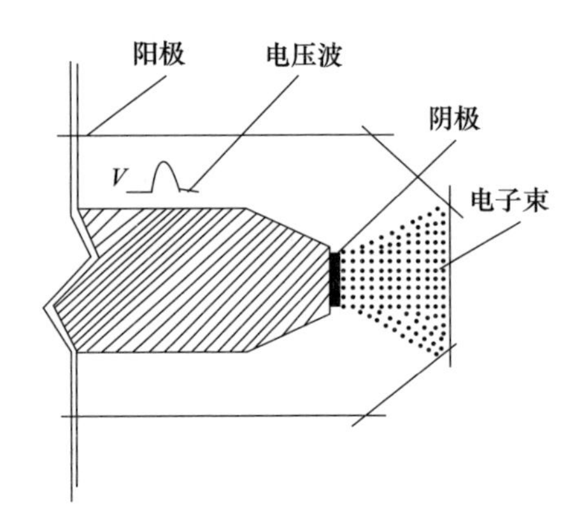


图2-2　电子束二极管示意图

电子束二极管其实本来应该属于高功率微波产生器件的一部分,当然也可以说是脉冲功率驱动源的一部分。对于脉冲功率驱动源来讲,电子束二极管就是它的一个负载,而对于高功率微波产生器件来讲,电子束二极管是核心装置,所以把它归入高功率微波产生器件是比较合适的。记得有一年,某两家单位在争取一个项目时为电子束二极管是归入驱动源还是归入高功率微波产生器件吵得不可开交。我给他们讲了一个寓言故事:森林之王老虎生病了,一只鸡为了向领导谄媚就向一头猪建议合作做一个鸡蛋火腿送礼去。哪知刚讲完猪就发飙了,“你就贡献一个身外之物,可我却要损失一条腿。”他们听完后认真思考了一下,最后同意把电子束二极管部分的工作归入高功率微波产生器件了。

## 2.2　脉冲变压器型驱动源

脉冲变压器类型的高功率微波驱动源是这样的,它根本上就是一个变压器,把初级线圈上低电压变换到次级线圈上的高电压(图2-3)。与普通变压器相比就像是一个慢性子的人和一个急性子的人,两种人都有用,只是要用到不同地方去。脉冲变压器的初级线圈和次级线圈之间的磁芯具备快响应特征,从而能够起到快脉冲变压的效果,为了加快响应时间,有的驱动源的磁芯还采用了开环磁芯,因为这种磁芯的漏感比较小。

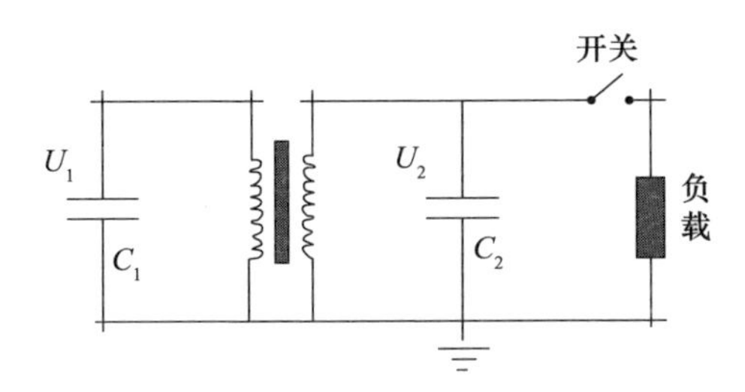


图2-3　脉冲变压器类型驱动源电路

这类脉冲功率驱动源的典型代表就是Tesla型脉冲功率驱动源,它是由苏联苏维埃科学院的Tsukerman院士在1979年提出,后来由俄罗斯科学院副院长米夏兹院士(Gennady A. Mesyats)在担任西伯利亚分院大电流所所长期间发扬光大。Tesla型脉冲功率驱动源通常由Tesla变压器、形成线、气体开关和脉冲传输线构成,前面讲过它的输出电脉冲宽度由形成线长度决定。它的前级电源由储能电容构成,由于单个脉冲所用的能量很小,因此储能充放电时间可以做得很快,同时从形成线到传输线的开关只有一个,所以开关速度也可以做得很快,而且可以做得特别稳定,所以Tesla型脉冲功率驱动源特别适用于产生重复频率脉冲。因此成为了重复频率高功率微波系统的首选脉冲功率驱动源,没有之一,因为它是最好的。

## 2.3 磁场储能型驱动源

还有一种脉冲功率驱动源是磁场储能型装置(图2－4),它的特点就是具有较高的能量密度,大约能达到电场储能型传输线装置的两个量级。它通常采用电容器向电感线圈放电,当电流达到最大值时利用断路开关瞬间切断电流,从而在断开的线圈两端产生一个高压脉冲。上过高中的同学应该学过这个原理,而且也应该知道开关断开的速度越快,产生的电压就越高。如果不懂,就去翻翻高中物理课本,那里面有讲这个知识。

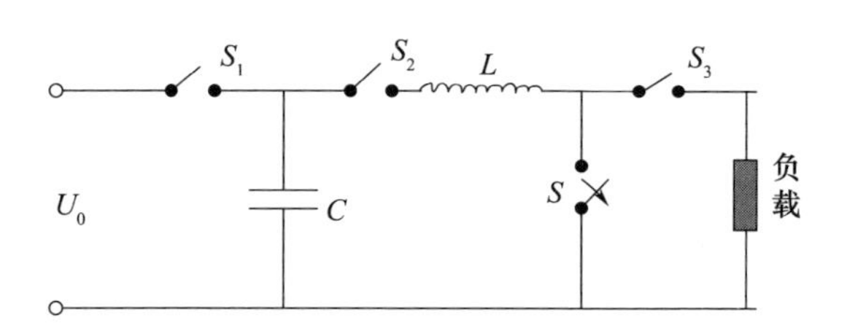


图2－4　磁场储能型脉冲功率驱动源电路图

这个东西想想挺好,其实并不好用。首先,它产生的电压脉冲波形不规则,类似于三角形,不利于驱动高功率微波产生器产生微波;其次,它的输出阻抗一般很低,为几个欧姆,而高效率的高功率微波产生器件一般阻抗都比较高,在几十到百欧姆,它们不匹配;再次,它用的断路开关一般是一次性的,比如爆炸丝开关,某些等离子体开关号称可以多次使用,但是如果用来产生重复频率脉冲,一点儿优势也没有。

## 2.4 磁通量压缩型驱动源

磁通量压缩法也可以产生高压电脉冲,通常称为“爆炸磁压缩”或“爆磁压缩”脉冲功率驱动源。根据高中物理课程可知(图 2-5),在一个螺线管中总的磁通量 $\Phi = LI$($L$ 是电感,$I$ 是电流),磁通量守恒定律为

$$I(t) \cdot L(t) = I_0 L_0 \tag{2-3}$$

根据这个公式,可以动动脑筋,怎么能把公式左边这个电流 $I(t)$ 变大呢?“把电感减小,是不是电流就变大了?”完全正确。可是我想要快点的脉冲,又怎么才能快呢?再想想……“电感减小得快点呗。”您又对啦。可是用什么让这个电感快速减小呢?“炸药爆炸最快,用炸药吧。”好,您可以当专家啦。

爆炸磁压缩脉冲功率驱动源就是这样,原理比较简单粗暴,所以用起来也要简单粗暴。通常爆炸冲击波的速度约为 10km/s,如果采用 1m 长的螺线管形成线,形成的电脉冲约为 100μs,而其产生高电压大电流驱动高功率微波产生器件产生高功率微波脉冲的时间约需几微秒,所以在整个装置被爆炸破坏之前高功率微波脉冲已经辐射出去了,因此不用担心微波产生及辐射的问题。不过这个东西是个一锤子买卖,不能重复使用,现在用这个的人也不多了。

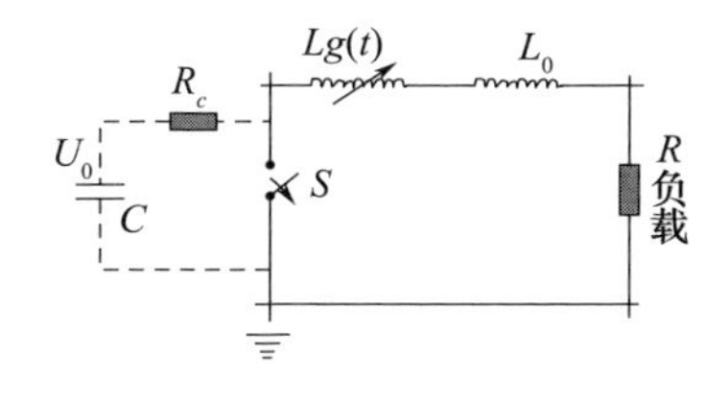


图 2-5 爆炸磁压缩脉冲功率驱动源

## 2.5 小　结

脉冲功率驱动源是一门还在迅速发展的学科,它不仅仅服务于高功率微波技术,它还是核模拟、定向能以及高能物理等学科的支撑性基础技术。随着绝缘材料、先进功率半导体器件的发展和应用,未来的脉冲功率驱动源将逐步向小型化、模块化方向发展,这个目前在高功率微波系统中占最大体积以及重量的东西会越来越小、越来越灵巧、越来越好使。

# 第3章　产生高功率微波的十八般兵器有哪些？

高功率微波的类型分为两种，因此它的产生方法也有两种。窄谱高功率微波要借助强流电子束实现电能到微波能之间的转化。超宽谱高功率微波不需要这个，它属于生吃类型的高功率微波源，它直接把电脉冲宽度通过多段传输线不断地压缩，直至脉冲前沿短至几十到几百皮秒量级最后直接辐射出去，就像有人吃三文鱼，削成片直接吃，不需要再上锅煎一下了。

高功率微波产生器件实在是非常多，在其不太漫长的研究岁月中很多产生器件都经历了被提出、被研究以及被忘记的过程。他们正像我们一样，是这个大千世界的匆匆过客，到头来，真正证明能用的并不太多。

有人把这些高功率微波产生器件分成了三类，即O形器件、M形器件和空间电荷器件。这样的分类方法其实也没什么道理，如果真要抬杠的话我可以说出无穷多种分类方法，但是又有什么意思呢？就是个分类而已，就像我一个初中同学名叫王甜瓜，很多人就此追问不止，终于有一天王同学不胜其烦，当着全班的面表明了自己的观点，“王甜瓜这个名儿没有什么深刻内涵，他们只是喜欢这么叫而已。”从此，大家再无困惑。对于微波产生器件这种分类叫法，主要是随大流，爱怎么分类就怎么分类罢了，无所谓。

O形器件是说那种电子的运动方向与引导磁场平行的高功率微波产生器件，其中典型器件是速调管和返波管。M形器件中电子的运动方向与磁场垂直,典型器件是磁控管。空间电荷器件是指那些没有外加引导磁场,仅利用自身的空间电荷效应产生高功率微波的器件,典型器件是虚阴极振荡器。

至于微波产生器件为什么非要叫这个管那个管的,主要是很多微波产生器件如果把它单独拿起来看的话好像就是内部凹凸不平的一截金属管,下面分别讲一下几种典型高功率微波管的工作原理。

## 3.1 虚阴极振荡器

愚及而立,从国治先生授虚阴极高功率微波发生器以来,寒暑更替二十载,先生像暗夜中的一盏明灯,为我指引前路。在下博士课题做得不好,愧对恩师。但无论如何,对此类东西的机理还是懂一些的,所以斗胆开讲。什么是虚阴极振荡器呢?这个嘛,一两句话也讲不清楚,下面给一串简图来描述它吧(图3-1)。

虚阴极振荡器产生高功率微波的过程可以描述为以下几个:在高压脉冲的作用下,二极管阴极发射强流电子束,强流电子束在阴阳极电压下加速穿过阳极进入谐振腔;在谐振腔中和阴极镜像的区域由于空间电荷累积作用导致这个区域的电势降低,进一步使电子束减速并使后续电子束减速形成一个类似电子团的低势能区;该电子团反射部分后续过来的电子,同时也透射部分电子,在电脉冲持续时间内保持一个动态平衡;入射电子束、反射电子束以及电子束团电势的潮汐变化与谐振腔区域特定模式的电场发生相互作用,从而激励起高功率微波。好啦,虚阴极振荡器就是这个理儿,你懂也罢,不懂也罢,多少知道些就够了。

虚阴极振荡器是一种简单粗暴型高功率微波产生器件,正是因为这种简单粗暴,导致它性能上的先天缺陷。不过也正是因为它的原理简单,让它成为在高功率微波技术早期最为广泛开展研究的一种高功率微波产生器件。美国、俄罗斯、德国、韩国、日本都开展过这种高功率微波产生器件的研究,不过大多是雨过地皮一片湿,最后不了了之的居多。

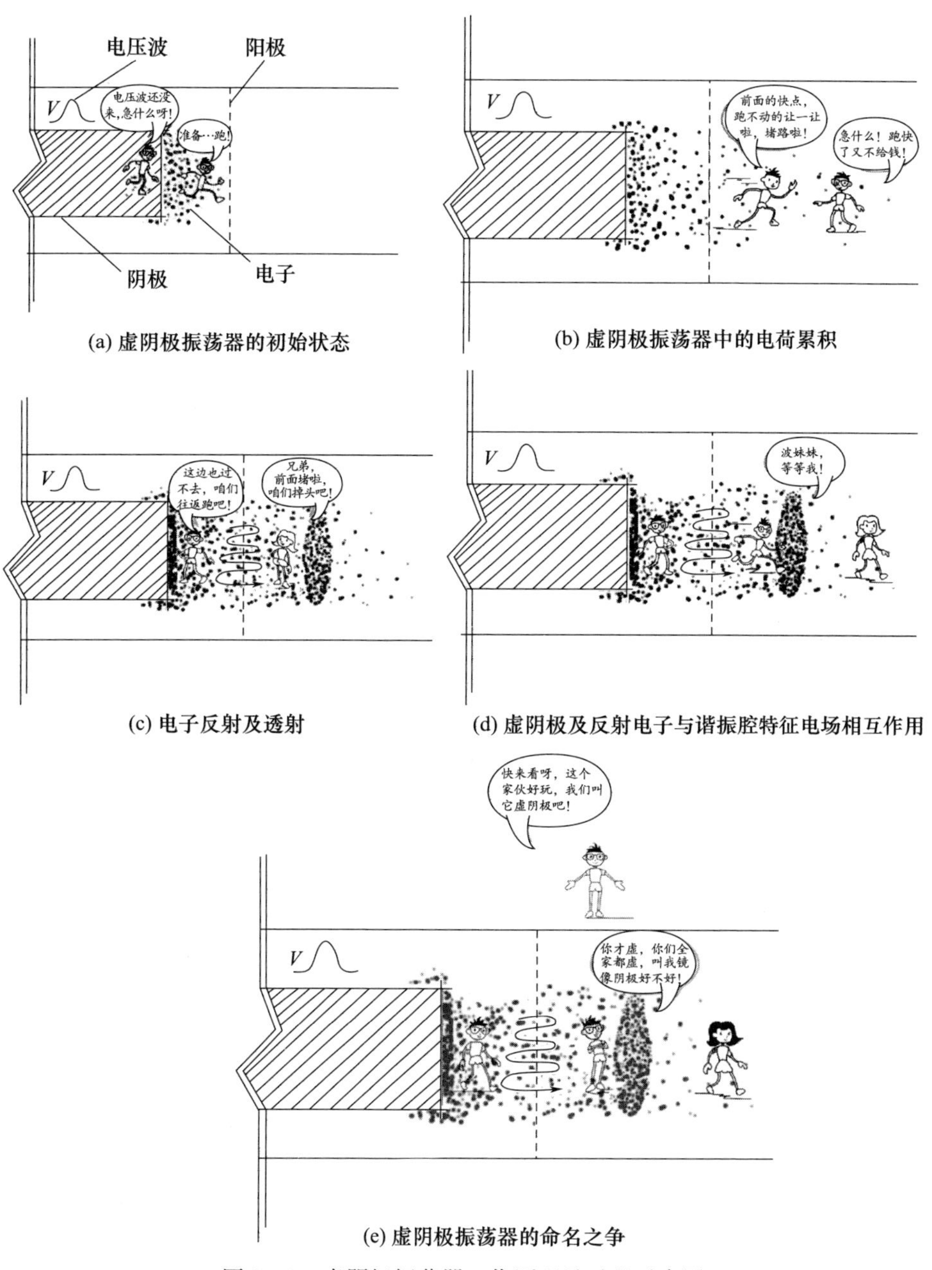


(a) 虚阴极振荡器的初始状态

(b) 虚阴极振荡器中的电荷累积

(c) 电子反射及透射

(d) 虚阴极及反射电子与谐振腔特征电场相互作用

(e) 虚阴极振荡器的命名之争

图 3－1　虚阴极振荡器工作原理及过程示意图

国外研究机构中对待虚阴极振荡器态度最认真的算是美国得克萨斯州理工大学(TTU)的 M. Kristisen 团队,他们做的时间前前后后算下来有十几年,发表了很多的文章,培养了美国高功率微波研究界的一代新人。Kristisen 祖上是挪威人,海盗的后代,一直没要美国的绿卡,自称 20 世纪 70 年代就来过中国,那时还没有改革开放,他能来一定是随政府代表团之类组织来的,因为我看到他的护照上有 VIP 的标志。他更像一个政治科学家,或者说是科学掮客,因为他的毕生追求就是忽悠项目,具体事情好像自己不怎么干。交流时他的口头禅就是“I don’t know exactly”,他想知道你的永远比他想告诉你的多,这种人不可多见。不过好在现在他已经退休了,接替他的那个小伙 Nuber 来自德国,一口鼻音浓重的陕北味英语,人还不错。

虚阴极振荡器可以做成电子束轴向直线运动的结构,也可做成电子束沿径向运动的同轴结构(图 3 –2)。同轴虚阴极振荡器这个概念是国治先生于 1994 年提出,在我做硕士、博士课题研究时对这个概念做了深入探讨,未能免俗也开展了一些理论研究,建立了一个所谓的简化理论模型。此事要顺便感谢一下 Tomsk 大电流所的 Korovin 博士,在俄罗斯期间,Korovin 博士和本人开展了许多次有益的讨论,他的独到见解使我在同轴虚阴极振荡器理论模型建立中受益匪浅。

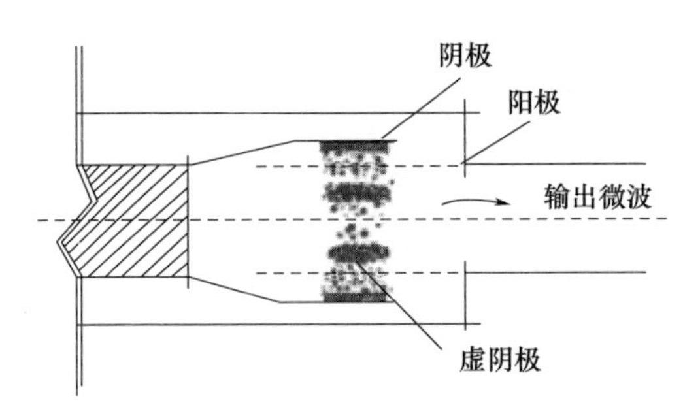


图 3 –2　同轴虚阴极振荡器原理示意图

同轴虚阴极振荡器最大的优点就是效率较普通虚阴极振荡器高,本人的试验结果最高获得过 8.3% 的功率效率,也有最高报道过效率高达 11% ~13% 的。不管效率是 8% 还是 13%,距离应用需求都还有较大差距,所以虚阴极振荡器在经历了 2006 年左右的一段时间中兴之后逐渐走向沉寂。

## 3.2　相对论返波管

在讲这个高功率微波产生器件之前,先普及一下基础知识。

通常情况下,电子束与微波不能发生作用,由于它们的速度相差太远,就像两个人要交流,总要找到些共同语言,否则就是鸡同鸭讲,永远交流不出什么东西来。在速度达到相对论区域时,让电子速度再快些几乎是很难的事了,就像让一只羊跑出高铁的速度,可能吗?再者,根据爱因斯坦的相对论理论,在同一媒介中,光速是最快的,所以要让电子束追上微波发生互作用好像是不可能的了。

但是,这点困难是难不倒科学家的,电子束速度不能再快了,那么微波的速度能不能慢下来呢?如果你能想到这儿,你就太聪明了。为什么呢?因为微波产生器件的发明者们也是这么想的。那么,怎么才能让微波的速度降下来呢?科学家们就开始琢磨,再好的车下了高速公路到乡间的搓板路上都跑不快,那我们就让微波走搓板路呗,于是慢波结构就诞生了。慢波结构,顾名思义就是让从上面走过路过的微波不要错过,使它们的速度慢下来,微波的速度慢下来了就可以与电子束速度接近,发生互作用就有可能了。

慢波结构的类型有很多种,就像我们单位门口的乡间小道,既有搓板路也有炮弹坑,时不时老乡还在路上堆上麦秆,这两年变好看了些,加上了整齐的减速带,总之就是一句话,不让你快走。真正应用的慢波结构有正弦波纹状的、环形隔板状的、梯形波纹状的,也有螺旋波纹状的……反正目的只有一个,让微波速度慢下来。慢波结构在高功率微波产生器件中是个常用的东西,除了前面讲过的虚阴极振荡器和一些快波器件不用以外,其他的高功率微波产生器件几乎都用。

相对论返波管这个高功率微波产生器件的名字比较拗口,既有相对论又有返波,听起来挺高级的,可是真有必要叫的让人这么抓狂吗?我看未必,下面就来看一看这个让人抓狂的东西是怎么工作的。

先看工作原理系列简图吧(图 3 -3),看图说话大部分同学还是比较喜欢的。

(a) 电子束与微波(一)

(b) 电子束与微波(二)

(c) 高功率微波产生(一)

(d) 高功率微波产生(二)

图3－3　相对论返波管中微波与电子束的互作用过程

相对论返波管的工作原理根据图3－3可以归纳为3个步骤:①强流电子束二极管在脉冲高电压作用下发射电子束,电子束在轴向磁场的作用下向下游运动;②电子束进入慢波结构,与特定轴对称模式的电场发生互作用,微波场得到放大;③群速度为负值的微波向上游传播,在器件的前端被截止颈或谐振反射腔反射，返回后继续与电子束谐振放大并向下游传播，从而输出高功率微波。

这里讲到电子束轴向流动需要的引导磁场。为什么要这个引导磁场呢？答案就是用来约束电子束的运动方向。中学课本讲过，运动的电子会在磁场的洛伦兹力作用下运动方向产生偏转，运动方向为公式 $\vec{e}\times\vec{B}$ 的矢量方向，即左手定律给出的方向。所以可以想象一下，采用磁场进行引导会不会起到类似警察的作用，让电子束规规矩矩地传输呢？答案是可以的。既然讲到洛伦兹力了，就再说说洛伦兹这个人吧。著名物理学家洛伦兹的贡献主要是在经典电磁场理论与相对论之间架起了一座坚实桥梁，是经典物理与近代物理之间承上启下式的科学巨擘，是第一代理论物理学家中的领袖和灵魂。他和他的学生塞曼同时获得 1902 年的诺贝尔物理学奖，后来爱因斯坦的狭义相对论的理论基础也借用了洛伦兹变换。不过爱因斯坦以狭义和广义相对论创立而出名，但是获诺贝尔奖却是因他提出了光电效应。

可以想象，如果电子束入射方向与磁场方向垂直时，它将做圆周回旋运动，圆周半径 $R=mv\sin\theta/Be$，至于这个式子中各个字母的含义，中学物理都有介绍过，这里就不再赘述。

在有磁场引导的条件下，如果电子束入射方向与磁场方向平行时，它将做直线运动。你还可以动脑筋想一想，如果它们的方向既不在一条直线上又不垂直时它会做什么运动呢？螺旋运动！

为了高效率地使用二极管产生的强流电子束，一般希望其产生的电子束的运动方向与引导磁场磁力线方向一致，这样对电子束直线传输最有利。但是实际上往往是事与愿违。二极管中阴极发射的电子初速度的方向是 360°无死角，几乎都不完全与引导磁场平行。

这时候怎么办呢？回到公式 $R=mv\sin\theta/Be$ 可以看到，当磁感

应强度 $B$ 很大时,电子的回旋半径就会变得很小,比如说 3T 的磁场下初速度为 10eV 以 30°角入射的电子的回旋半径约为 0.06mm,这时候螺旋前进的电子束,可以把它当作几乎沿磁力线运动的电子了。

综上所述,外加引导磁场的作用就是让二极管产生的电子束服帖地沿着磁力线的方向从微波管中通过,在通过微波管的过程中与谐振腔中电场发生互作用。

产生高功率微波需要高功率的电子束,现在的高功率微波产生器件功率效率最高能超过 50%,但是如果加上脉冲缩短效应(这个概念随后会讲到),一般能达到的能量效率也就 10% 左右。剩余的 90% 能量的电子束干嘛去了呢? 被电子束收集极吸收浪费了! 这个不仅仅是巨大的能量浪费,而且会对高功率微波产生器件的持续工作带来致命的问题。这些问题包括巨大的瞬态热量累积导致的瞬时升温及散热问题、高能电子束轰击下收集极材料溅射破坏问题以及高密度等离子体产生问题等。因此,大量的高能电子束收集是限制高功率微波产生器件脉冲宽度以及重复频率工作能力的主要原因,这个必须要解决。

相对论返波管在剩余能量电子束收集方面具备天然的优势,它的电子束收集是在阳极结构的外导体上,这为系统高效率散热以及电子束收集结构的灵巧设计留下了宝贵的想象空间。通过新材料的应用、新型结构的设计以及高效率散热系统的采用,目前相对论返波管的强流电子束收集问题得到了初步解决,使得该微波产生器件在保持高的输出功率的同时具备了几十到百 PPS(Pulse/s)重复频率运行的能力。这个能力对于未来的许多应用来讲是难能可贵的,因为很多器件就是在这个竞赛环节被淘汰的。

相对论返波管目前在综合能力上达到了全优,是高功率微波界的“白富美”,它的单项能力可能不是最好,但是综合实力强,是现有重复频率高功率微波系统的首选。但也不是说其他微波产生器件就没什么用处了,根据不同的优势各有各的用处。

## 3.3 相对论速调管

前面已经讲过,高功率微波器件由于要产生的微波功率巨大,所以需要的驱动电子束功率也就很高,电子束功率高无非就是加速电压高、束流大两点。当高功率微波器件的二极管电压约为1MV时,电子束的最大速度可达到约0.94倍的光速,通常讲,当一个东西的速度达到0.3倍光速以上的时候,相对论效应即不可忽略,所以在这个速度下工作的电子束,相对论效应更不能忽略了。基于这个原因,这些器件几乎都被冠以“相对论”之名。

当然了,实际物理问题的解决中考虑相对论效应绝不是像中学物理课本中那样把经典物理的理论公式加上洛伦兹变换那么简单,包括横向多普勒效应等也需被考虑。想进一步了解的读者,可参考刘盛纲先生所著的《相对论电子学》。前些年,刘校长亲赠我一本发黄的87年典藏版《相对论电子学》让我阅存,再次捧起大学时望而却步的典籍,望着满目的公式让我单线程的思路左冲右突不得其解,忽而泪流满面,失而复得的这本书再次成为了我的失眠治疗神器,时至今日尚未全文通读使我良心不安,在这里向刘先生致以万分歉意。

相对论速调管其实就是考虑了高能电子束相对论效应的普通速调管。它通常是一个具有三个圆柱形谐振腔的管子,中间有细的管子把这几个腔串起来,像夜市麻辣烫里面的竹签串烤肠。管子外面加有轴向磁场,引导电子束从其中流过,结构没什么特别的地方。速调管的工作原理一点都不复杂。它的 3 个谐振腔(有的速调管可能有多个腔,但是起的作用基本一样。)分别对电子束起到速度调制、密度调制和能量提取的作用,分工明确,作用分明。工作原理还是看图说话吧(图 3 -4)。

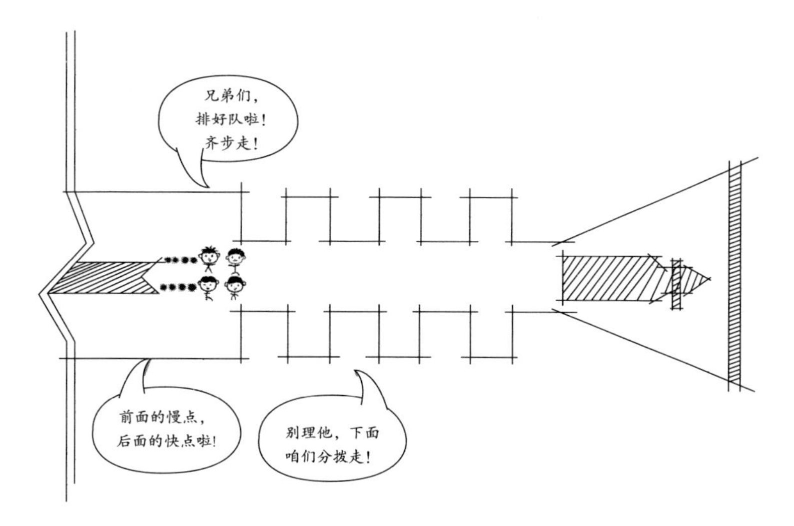


(a) 微波输入及电子束速度调制

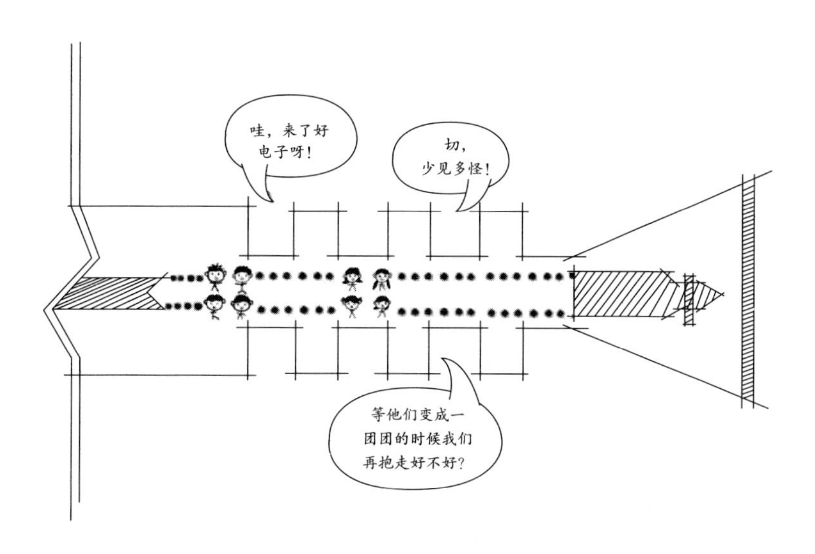


(b) 电子束密度调制

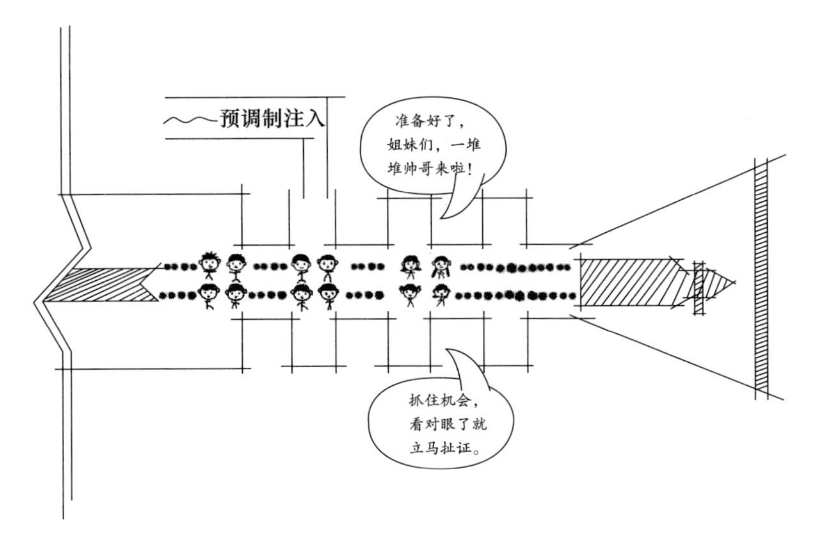


(c) 密度调制束的能量提取

图 3－4　相对论速调管工作原理

通常来讲，我们一般将速调管称为放大器，那是因为一般的非相对论速调管的输出微波信号与输入是严格相关的。相关是指输出微波信号的频率和相位严格与注入调制信号相同或差别是确定的。

相对论速调管产生的高功率微波脉冲的频率和相位大部分情况下和注入微波信号的频率和相位无关，因此，一般认为相对论速调管其实就是一个振荡器。这是为什么呢？答案就是相对论速调管的工作电压太高、电流太大，注入微波信号不足以完成束流的速度调制作用，最终起到束流速度和密度调制作用的其实是谐振腔在束波互作用下激励的强电场，注入微波信号其实只起到了一个微扰的作用，输出的微波脉冲根本不是它的放大。

但是，相对论速调管毕竟有放大器的底子，虽然大部分情况下表现得像个振荡器，但是通过一些方法还是能够使它更像放大器一些。

到目前为止,很多高功率微波产生器件产生的功率已经快要达到它们的物理限制了。像人一样,扛一百斤的东西还行,非要他扛上 500 斤的麻袋还要快跑,打死也做不到,这就是物理限制。但是,未来的潜在应用对高功率微波输出的功率需求是无止境的,你产生了 1GW,做应用的人就说你能不能提高到 2GW。等你产生了 2GW 的时候,他又说你能不能提高到 5GW。等你做到了 5GW,他又说其实 10GW 最好用。那么面对这个永无止境的需求该怎么办呢? 研究人员提出了功率合成的方法。

既然要用功率合成的方法获得更高的输出功率,那么合成单元的一致性就要好,这个一致性包括单元微波器件的输出微波频率、相位以及功率。就像驴和马合作拉车不能协同干活,是因为它们个头、步幅和步频差太远,要想高效率地实现功率合成,必须要输出微波频率、相位以及功率一致。你看,这个道理连初中毕业生都懂,所以称得上是简单明了。

不过那和相对论速调管又有什么关系呢? 前面讲过,放大器的输出与输入微波信号是严格相关的,因此通过控制前级输入的小信号就很容易实现放大器输出高功率微波的频率以及幅相一致性,从而为实现多个微波产生器件功率合成打下基础。相对论速调管采用大功率信号注入调制的方法和多腔预调制可以实现类似于放大器的工作状态,从而有潜力作为未来的高功率微波功率合成单元应用。

在这个方面,国内外多家研究机构做了大量的工作,20 世纪,美国的洛斯阿拉莫斯国家实验室、海军实验室、麻省理工学院等都对相对论速调管放大器做了大量深入的研究。海军实验室的 M. Friedman 于 1991 年在 SPIE 的会议上爆出了试验获得 L 波段 15GW 高功率微波输出的结果,我看了这篇文章,顿感自信心大涨,暂且不说他的试验结果有没有 15GW,他真应该为他的试验装置叫放大器而脸红，其实他的试验结果基本上是一个振荡器给出的微波信号，和放大器没有任何关系。

不过，美国海军实验室后来报道的研究结果基本靠谱，他们的重点就是要让相对论速调管具备放大器的能力，从而利用它们开展功率合成产生更高功率的微波。国内开展相对论速调管放大器及功率合成研究的单位主要是中国工程物理研究院应用电子学研究所。通过多年的努力，应用电子学研究所也实现了 S 波段吉瓦级的双管合成，值得庆贺。

曾经有这么一位高功率微波的从业小哥给我算过一笔账，他如是说，“你看速调管放大器多好，能合成。如果 1 个 1GW，咱们横竖排一个阵列，那可是平方倍地往上涨啊，100GW 唾手可得，你们怎么都不重视呢？”他选择性地忽略了其实相对论速调管放大器的频率和相位控制目前仍然没有做得很好，合成效率双管最高可以达到 80%，你再多合几个试试，合成效率会继续下降。

## 3.4　相对论行波管

前面讲过返波管，从名字就可以想象，行波管应该是和返波管反着来的。因此，它的结构和返波管基本类似，只不过在行波管中电磁波的群速度和相速度是向前的。同时，需要科普一下，只要具有这种慢波结构，利用电子通过慢波结构时的运动速度接近或超过慢波结构中电磁波相速度时发生相互作用而产生微波的微波管统称为 Cerenkov 器件。

Cerenkov 在列别捷夫物理研究所工作时，发现了高能粒子进入流体后发出蓝光的现象，之前也有人看到过，只不过大家都把这当成了荧光。可是契伦科夫就不这么认为。

看到这儿,大家就知道伟大的发现马上要呼之欲出了。所以说,搞科研不能人云亦云,要有探究的精神和捕捉细节的敏锐性,尤其是年轻人,当你们听某些大师讲他辉煌的历史时,希望你们不要用仰望的目光去看他们,他们也可能漏过了许多可能会有重大发现的细节,你们应该做的是仔细找出他所做工作中的问题,打破神话,推翻给出的结论,这样科学才能进步。

Cerenkov 为了排除微小杂质被激发产生荧光的可能,它用两次蒸馏过的水作为粒子入射介质。同时为了提高试验检测的可靠性,他把当时最先进的光学仪器灵敏度调到了最高,就是把自己关小黑屋里 1 个多小时,让眼睛对光的敏感度提到最高。这个人用他那厉害的双眼发现入射粒子导致的水中辐射出来的蓝光是有极化方向的,且与入射粒子方向和速度严格相关,从而确认了这种辐射的客观存在。而这种粒子入射介质的速度超过介质中光速时,激发的光辐射随后就被命名为"Cerenkov 辐射",这种辐射可以看作介质中的一种电磁冲击波。那么,产生"Cerenkov 辐射"后粒子会怎样呢? 由于产生光辐射损失了能量,所以速度就慢下来了,比光速还慢。"Cerenkov 辐射"的发现再次验证了爱因斯坦伟大的相对论理论的正确性,在同一介质中,光速最快,如果你非要比光速快,不怕,上帝会让你慢下来的。

Cerenkov 的这个发现是在 1934 年,1946 年他和他的老师还有两个对这个现象做出理论解释的同事弗兰克和塔姆一起获得了苏维埃最高国家奖。1958 年,又与弗兰克和塔姆一起获得诺贝尔物理学奖。

行波管的最大特点是可以作为放大器应用,它的结构一点都不复杂,就是阴极加慢波结构再加上引导磁场(图 3 -5)。但是,由于它要工作在放大器状态,所以限制因为非线性效应导致的输出微波信号中出现不希望的频率成分成为工作重点。行波管的工作带宽比一般的微波产生器件宽，低电压工作时效率也可以做到将近50%，是一种非常理想的微波放大器器件。现在很多卫星地面站的上行发射设备和广播电视以及通信卫星上的大功率转发器还是采用行波管放大器，它比较可靠，寿命也长，不怕宇宙射线的辐照，目前半导体器件放大器好像还替代不了它的这个用途。从20世纪一直到2010年左右，很多研究都想利用行波管放大器产生高功率微波，先后提出了单级相对论行波管、双级相对论行波管。为什么会有单级和双级相对论行波管呢？那是因为，研究者发现在单级行波管放大器中由于不可避免地输出不匹配会导致一部分微波向后反射，这种反射会导致系统自激振荡，活生生地把一个放大器变成了一个振荡器。这是一个酿酒不成变成醋的悲剧，这也促使研究人员想其他的方法开展改进设计。于是有人提出了双级相对论行波管的概念，希望它能够隔离输出微波和前级放大之间的血肉联系，试验发现这种结构有改进，但改进也并不大。后来，美国康奈尔大学和俄罗斯科学院应用物理所分别又在这个结构的基础上采用锥形非均匀慢波结构、渡越时间隔离等一系列五花八门的方法获得了增益约47dB的GW级高功率微波输出，至于再后来呢，没有下文了。

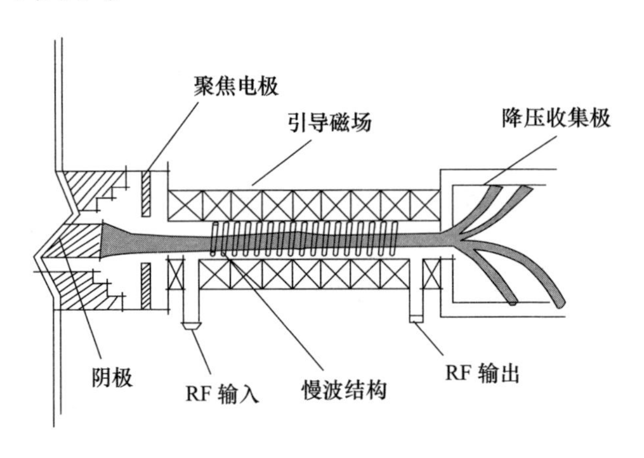


图3－5　相对论行波管原理示意图

## 3.5 相对论磁控管

说起磁控管很多人都不知道这是个什么东西,更何况相对论磁控管?不过说起微波炉大部分人还是熟悉的,它里面用的微波产生装置就是磁控管。磁控管是最早得到应用的一种微波产生器件,至于它的发明人是谁,美国人和苏联人也是争论不休,现无定论。目前,有定论的是美国雷声公司的斯本塞是把它推广应用于微波炉的第一人。他有一次经过用于制造雷达的微波辐射源时敏感地注意到了自己的外挂有显著发热的现象,在反复确认这个现象之后,这个贪吃的家伙把加班带来的面包、火腿之类的食物放在微波源输出口确认了微波也可以使这些食物加热,从而第一个发现了微波能使含水物体加热。随后雷声公司制造了世界上第一批微波炉并推向市场,迅速受到了广大家庭主妇热烈欢迎。

第二次世界大战时不管是同盟国还是轴心国的雷达几乎都是以磁控管作为微波源的。后来为了适应不同的需求发展了无穷多的变型产品,直至现在还仍在许多工业设备和一部分雷达上发挥作用。磁控管最大的优势就是它的效率非常高。目前,它的效率最高做到了 87% ,仅凭这一点就令其他微波产生器件望尘莫及。

用这个微波器件产生高功率微波也是高功率微波研究人员第一个能想到的,这么高的效率,多诱人呀。于是,大家就提高它的工作电压和电流,希望它能产生高效率的高功率微波。可是后来无论大家怎么努力,工作在相对论条件下的磁控管就是不太行,再也坚挺不起来了。

历史上曾经报道过相对论磁控管最高功率以及效率的是俄罗斯核物理研究所的 A. N. Didenko 研究小组,爆出了最高 10GW 输出功率和43%的效率。

其实,这个相对论磁控管和普通的磁控管没有什么两样,结构非常简单(图3-6)。它具有同轴放置的阴极和多个腔的阳极,外加磁场方向沿轴线,是典型的正交场器件。工作时,处于中心的柱状阴极上发射电子束,电子束在轴向磁场洛伦兹力的作用下做沿轴向和角向的偏转运动,它的电子束形状类似于造型偏艺术范的汽车轮辐。由于阴极发射电子束几乎是围绕柱状阴极做全环绕、半环绕或几分之一圆周的环绕运动,所以外层电子对内层电子具有电场屏蔽作用,从而形成了外层速度高、电荷密度小,内层速度低、电荷密度大,角向横切面像轮辐一样的电子束分布图像(图3-7)。

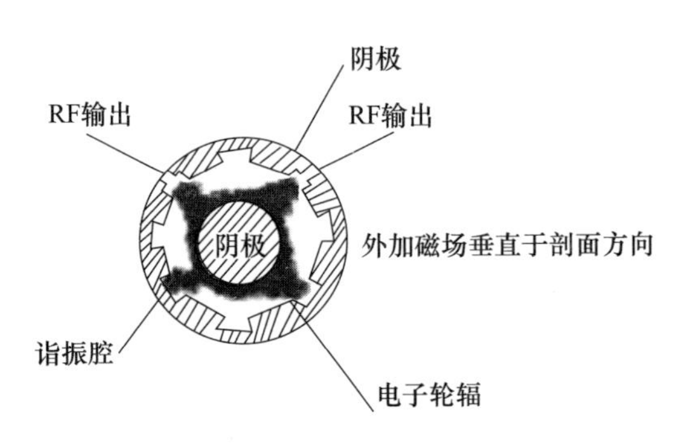


图3-6 相对论磁控管结构示意图

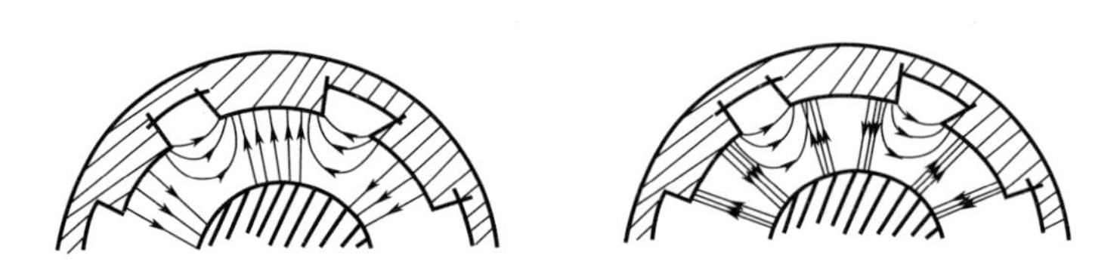

图3-7 相对论磁控管中π模和2π模的高频电场分布示意图

简单地讲,磁控管就是把慢波结构卷起来的行波管。你可以把多个围绕阴极的阳极腔看作沿角向的慢波结构,比照前面讲过的返波管和速调管,如果要产生微波,还需要什么?需要沿角向流动的电子束。在磁场的作用下,电子束的运动方向遵循洛伦兹定律,总地来讲基本上就是沿角向运动的,因此电子束可以与角向类似驻波模式的 π 模、2π 模等定模式的电场发生互作用,从而激励放大输出高功率微波。

为什么磁控管的效率比较高呢? 原因是这样的:磁控管中的电子束在与微波场交换能量后速度减小,在轴向磁场的作用下就从距离阴极远的地方回到距离阴极近的地方休息,回到这个地方稍事休息后就又重新被电场加速,再次投入战斗,如此反复。这个过程中只有少量的电子到达阳极损失掉,大部分电子都被一次又一次利用,不像返波管和速调管中作用一次的电子就被收集极吸收了,所以磁控管效率很高。这就像动物界的牛,它会“反刍”,吃饱了没事的时候把吃的东西吐出来再咀嚼一遍,所以消化效率就相当高。磁控管的这个特性也就决定了它在微波界是一个神一般的存在。

那么为什么相对论磁控管效率却又提不上去呢? 原因有很多,不同的人说法不一。我归纳了一下,主要原因有以下两个。

一是相对论磁控管为了产生大电流而采用了爆炸发射冷阴极而不是通用微波管中的热阴极。这种爆炸发射阴极发射的电子能量很大,方向不一,相比普通磁控管中的热阴极发射的电子束,就类似于八路军的队伍和土匪下山之间的差别,这种电子之间的无序导致了束流调制效率的大幅度降低,前面讲的休息和重新上阵次序被打乱,很多没回到休息区域的电子被重新裹挟回到互作用区,它都没有休息好怎么好再去干活,所以就效率低下。

二是为了约束高能量、强流电子束的运动,相对论磁控管必须加大引导磁场。然而,加大引导磁场后电子束的回旋半径将变小,环绕阴极的角向运动分量大幅度减小至几乎不存在;减小引导磁场,电子束速度太快从而导致其在互作用区停留的时间过短,一个作用周期不到就跑到阳极上被吸收了。这还真是个两难的选择，谁也没有找到一个很好的妥协点。很多参考书和文章上还分析了一堆其他的原因，包括直流空间电荷场的影响、高频场的影响等。其实说白了就是一句话，电流太大了，不好控制。

美国新墨西哥大学的 Edl Schamiloglu 教授团队针对相对论磁控管开展了一件有意思的研究工作。他把那个圆柱状的阴极掏成了鸟笼子的形状，美其名曰“透明阴极”，Edl 教授报告中说这样可以减小电子回轰到阴极时的能量损失，同时可以调节电子束发射轮辐的个数与阳极腔的个数一致，以此可以提高束波转换效率。此事不知是否可靠，如不可靠，当由 Edl 教授负责，我不背这个锅！Edl 教授从我 1996 年认识他直到 2016 年，大会小会地讲了 20 年的透明阴极磁控管，好像并未见有什么突破性的进展。以至于后来我听他的报告时只能假装打瞌睡，因为盯着教授看我们都会有点不好意思的。

在所有的微波产生器件中我尤其喜欢磁控管，不是因为它效率高，而是因为这个器件没有让人心乱如麻的一堆又一堆的公式。因为到目前为止还没搞出一个让人信服的理论模型。有关磁控管的研究工作在早期主要是靠物理思维的抽象，现在靠数值模拟。看来不用公式和所谓的物理模型来解决问题也没什么大不了的，磁控管不照样活得风生水起。

## 3.6　磁绝缘线振荡器

磁绝缘线振荡器（Magnetically Insulated Line Oscillator，MILO），当初科学家们提出这个其实也是因为虚阴极振荡器在相当长一段时间内不争气，效率怎么都提不高，距离实用差得太远。在美国空军电磁脉冲弹项目的需求牵引下，美国空军实验室和圣地亚实验室的研究人员提出把这个器件培养长大的想法,希望这个器件可以应用于电磁脉冲弹项目中,替代虚阴极振荡器这个不争气的老大。

为什么非要在电磁脉冲弹项目中选虚阴极振荡器和这个 MILO 而不是其他效率更高一些的微波产生器件呢?那你是一定没有注意到,这两种高功率微波产生器件都不用外加引导磁场,系统可以做得比较小巧(图 3-8)。因为既然做电磁脉冲弹,一定是要用飞机驮到天上去的,太重了怎么用?本来就没有什么大用处,个头还大。

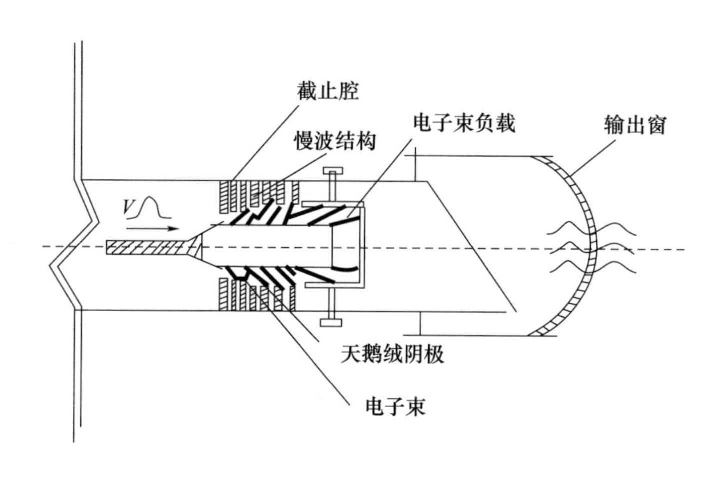


图 3-8 磁绝缘线振荡器结构示意图

磁绝缘线振荡器既可以看成是直线形的磁控管,也可以看成是一个半成品的行波管。典型的 MILO 由一根比较长的阴极和周期排列的叶片形外导体阳极和收集极组成。它利用电子束二极管电流产生的自磁场使从阴极发射的电子不能直接越过阴阳极间隙到达阳极,电子束在阴阳极之间的电场和自磁场的作用下沿轴向漂移。漂移过程中要经过慢波结构,这个过程中电子束与慢波结构中的特定谐振模式的轴向电场互作用,微波电场放大从而产生高功率微波。

这个过程听起来麻烦,其实不然,它的周期排列的叶片形外导体阳极其实就是慢波结构,和返波管中慢波结构的作用类似,这里就不多讲了。它没有外加磁场引导电子束,那怎么办呢?“好办,自给自足。”就像植物中的玉米,找不到另一半怎么办,雌雄同株,照样可以繁殖后代。所以说,办法总比困难多。

磁绝缘线振荡器的电子束引导磁场一部分依靠阴极端部发射的电子向收集极直接流动的电流产生,一部分由长阴极上到处都是的发射电子束流自己形成。在自磁场的作用下,阴极上发射的电子就不再直接流向最近的阳极,将向下游偏转,最终经过一段距离的轴向漂移后流向阳极。在这个轴向漂移过程中,电子束既具备轴向漂移的速度分量也具备径向运动的速度分量,它与慢波结构中电磁场的特定模式电场互作用,从而激励起高功率微波。磁绝缘线振荡器与虚阴极振荡器相比,最大的优点就是效率有显著的提高,理论和数值模拟效率号称可以达到40%,但实际上效率也只做到了10%左右,最高不超过15%。虽然这也不算高,不过与虚阴极振荡器动辄只有3%~5%的效率相比是个很大的进步。

磁绝缘线振荡器有优点也有缺点,这些优点是它自己的,缺点同样也是它自己的。第一个缺点是这么多年来它的阴极材料除了天鹅绒以外还没发现其他什么比较好用的。大家也都知道,天鹅绒就是一种表面有绒毛的布,上面绒毛的直径大约在微米量级,很细,产生一次大电流后就会被烧,基本上不能重复用第二次,所以决定了这种阴极只能一次性使用。此外,在束－波互作用过程中失去能量的电子束和部分本来就没打算参与能量转换的电子束会轰击到阳极的慢波结构叶片上,产生大量的等离子体并伴随叶片不可恢复的轰击损伤,严重限制了产生微波的脉宽和重复使用的能力。因此,可以预期它除了一次性的电磁脉冲弹应用以外,基本没用。它的电子束由于依靠自身磁场约束,所以自由度比较高,运动路径不那么规则,从而在束、波互作用过程中会与多个电磁波模式产生互作用,从而产生模式竞争,输出微波的模式成分也就乱七八糟,对于大部分应用来讲,这种杂乱无章的混合模式输出是不好用的,不能形成高效的辐射。

磁绝缘线振荡器工作时不靠别人,什么都靠自己,连磁场都由自己来产生。但是事实告诉我们,什么都靠自己的一定做不到最好,要学会借力,学会团队协作,发挥每个人的长处才能干大事,单打独斗是不行的。磁绝缘线振荡器绝对就是一个不会协作干工作的典型。

## 3.7　渡越管振荡器

电子束注入一个谐振腔将会在谐振腔中激励出一系列本征模式的电磁波,这些本征模式的电场与后进入的电子束互作用,从而使其中的部分电子被加速,部分电子被减速,电子束与本征模式之间的净能量交换随其在谐振腔中的渡越时间而变化,这一过程称为渡越时间效应,利用该效应使电子束失去能量大于获得能量而产生高功率微波的振荡器叫渡越时间振荡器,别名渡越管。

基于渡越时间效应的微波产生器件起源于单腔渡越时间振荡器,其实它就是一种类似于虚阴极振荡器的微波产生器件,有一个或多个透明的网状阳极,系统可以工作在无引导磁场或弱引导磁场条件下,只是工作时要求电流要小于空间电荷限制电流,从而避免形成虚阴极现象。这个概念提出得相当早,而且在 20 世纪 30 年代就有两个美国人 I. Miller 和 Liewellyn 分别开展了试验研究,结果不怎么地,所以后来这个概念就销声匿迹了。到了 20 世纪 90 年代,这个概念又被重新拾起,不过这次采用了多腔的形式,国外一般称为分离腔振荡器,国内称为渡越管。

国外搞分离腔振荡器研究的报道和文章其实也不少,但是结果具备参考价值的不多,包括那个叫 Super – Reltron 的微波器件也是这种东西,最后大家不约而同都不做了。国内最早提出这个渡越管概念的应该算是西南交通大学的刘庆想教授,彼时,他还在中国工程物理研究院应用电子学研究所工作。他从业历程中转战两家单位,像雄狮一样充满着斗志与活力,也的确做到了在每一家都做到功成名就。不过,更重要的一点是他给了我们这些高功率微波事业后来者坚定的从业信心和希望,他用经历现身说法地为我们再次证实了那个古训——“书中自有黄金屋,书中自有颜如玉。”

渡越管振荡器有单腔、双腔、三腔和多腔,它的工作原理其实很简单,就是让电子束在前面几个腔中先被速度调制,然后再形成密度调制,最后密度调制的电子束到达提取腔与本征模式发生互作用产生高功率微波(图 3 –9)。从这个意义上讲,它的工作原理其实类似于速调管。

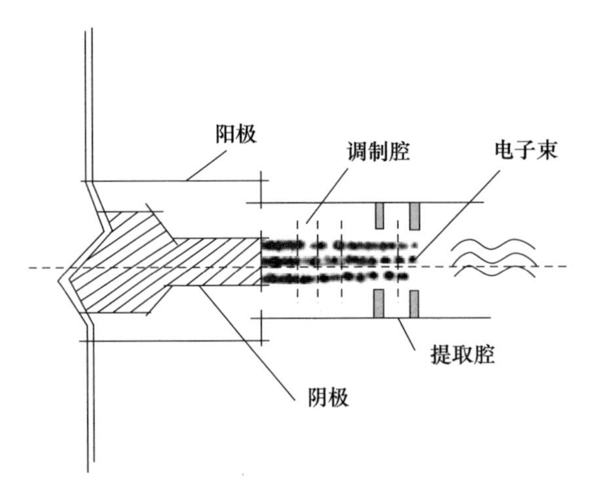


图 3 –9　渡越管振荡器原理示意图

有关渡越管的试验研究结果不多,有的研究报道告诉我们,它的试验输出微波功率大于 1GW,效率大于 30% 。这个结果未必可靠,这是历史原因造成的,不能责备某些人,认识总是在不断进步,所有科学进步都是建立在一个个错误之上的,不能苛求完美。

渡越管的理论研究结果倒是真不少。中国工程物理研究院的范博士就开展了深不见底的理论研究工作,并凭此工作斩获中国工程物理研究院的"于敏数理奖"。

## 3.8　回旋管

回旋管这个微波产生器件的原理相对复杂些,属于高大上的微波产生器件,一般人搞不懂它。回旋管最初的发展及应用是为了磁约束核聚变研究装置(托克马克)中的等离子体加热,它的优势是在较高的频段(毫米波)可以保持较高的效率(最高大于40%)。

通常的回旋管中电子束与互作用腔中的TE模式产生相互作用,使TE模式的场得到放大,从而产生高功率微波。既然说通常,那肯定也就有不通常的,就是让电子束和TM模式的场互作用的回旋管,不过这种回旋管效率一般比较低,且模式竞争严重,所以不太常用。

圆波导中的TE模式的场分布图案多多,不可枚举,不过如果让大家举个例子讲讲,很多同学可能马上晕头转向。其实别说是你们,我都记不全。有时候为了给别人讲清楚我都要预先翻开《微波技术》看看,恶补一下,到时候装个知识渊博,让别人以为我有多好的记性,其实压根儿也记不住。为了简单地说明回旋管这种微波器件的工作原理,就讲讲电子束与圆波导最低的传输模式$TE_{01}$模相互作用,圆波导中$TE_{01}$模式的电场分布形状应该记得吧,这个很简单,就是那个在外壁和圆心之间分布得像洋葱圈一样的角向电场。很多回旋管中都设计为让电子束与这种$TE_{mn}$类型模式的角向电场互作用(图3-10和图3-11)。

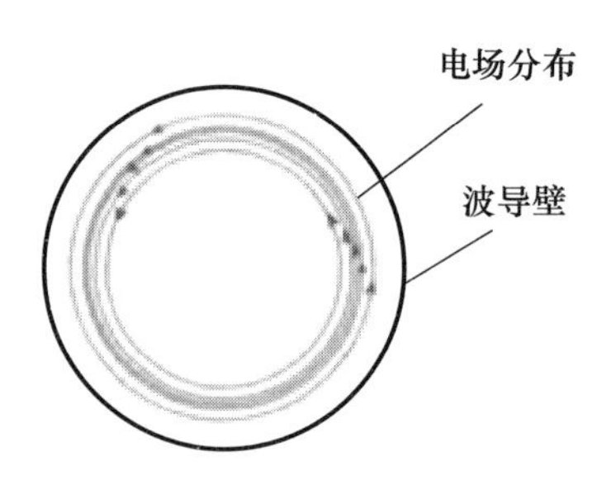


图 3 - 10　$TE_{01}$模式的电场

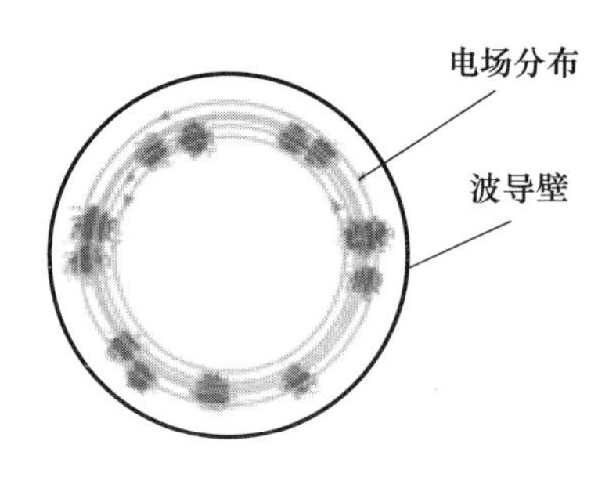


图 3 - 11　回旋管中电子束角向调制

为了让电子束与角向电场发生互作用,必须要让电子束具备角向的运动速度,这与前面讲过的大多数微波产生器件不一样,好多器件不希望电子束有角向运动的速度分量,恨不得每一个电子都规规矩矩地排好队,一门心思往前走,比如相对论返波管、速调管等。可这个器件偏偏不走寻常路,让电子束沿角向运动,属于那种没有困难创造困难也要上的类型,是个奇葩。可是需求摆在这儿了,我们不要埋怨,应该想想该怎么办。

此时应该又要用到中学物理知识,想想是不是有个左手定则和右手定则?想想左手定则和右手定则是说什么的?其实还要用到洛伦兹力这个概念。这个力的方向表示为 $\vec{F} = e\vec{v} \times \vec{B}$,即电子在磁场中运动受到的力的方向垂直于磁场和运动方向。按照这个套路,为了让电子束角向运动,我们让阴极发射的电子束产生一个径向运动的速度分量再加上轴向磁场是不是就行了呢?当然行啦!因为回旋管确实就是这么设计的(图 3 - 12 和图 3 - 13)。

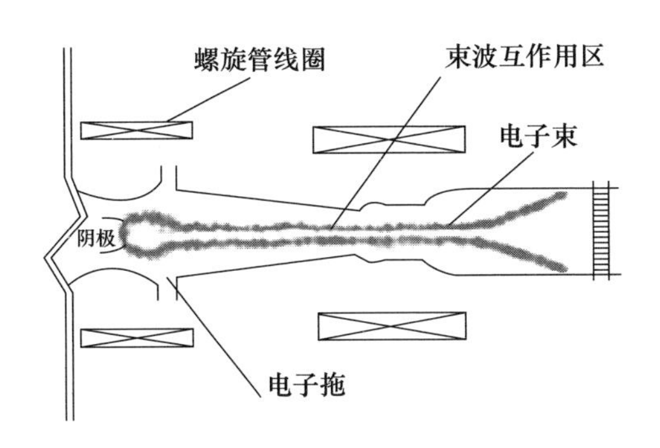


图 3－12　回旋管原理

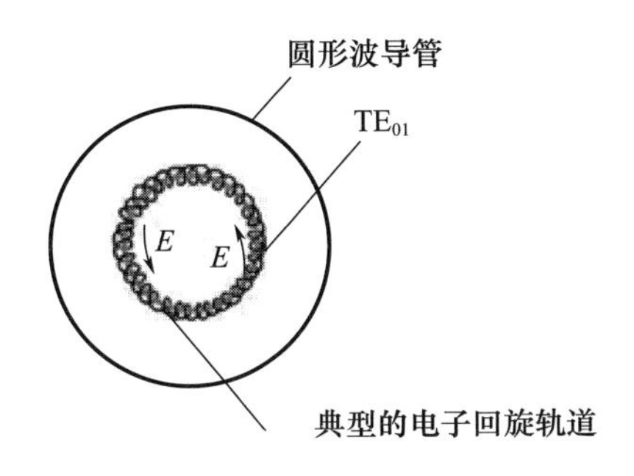


图 3－13　回旋管结构示意图

电子束从阴极发射出来以后,它既具有径向的速度分量,也具有轴向的速度分量,径向的速度分量与轴向磁场互作用让电子束产生角向运动速度分量,此时的角向速度分量与轴向磁场互作用又让电子束产生一个绕磁力线的小的回旋运动(简称为拉莫尔回旋),最终阴极电子束会在磁场作用下形成一个绕中心轴的宏观回旋运动和微观的小回旋运动,电子的运动从微观尺度上看既有自转又有公转,像太阳系中月亮的运动一样,既绕地球转又随地球绕太阳转,还随太阳绕银河系转,总之就是转、转、转。在各种转的同时,电子也具有轴向运动的速度,所以它是边自旋、边绕中心轴旋转、边向下游传输,运动轨迹是大螺旋线套小螺旋线,总之是相当复杂。

细心的同学可能会看出来了,这个器件中怎么没有提到慢波结构?那是因为这个器件压根儿就没有慢波结构。有的同学估计又该问了,“哇!不需要慢波结构,这是个什么神奇的东西?”原因其实很简单,那就是既然在这个器件里面都已经把电子束运动轨迹搞得这么拧巴了,如果它还再要慢波结构,它还好意思吗?

也正是因为这个器件不用慢波结构,所以它就是快波器件,这个名称是比照前面讲到的慢波器件而来的。为什么又会有快波器件呢?究其原因是我们所处的这个世界有一种对称的强迫症,既然有慢波器件,那么你应该能想到也会有快波器件,正如有负电子,科学家们马上就想到应该也有正电子。甚至有的科学家还设想了我们这个蓝色星球在宇宙中并不是孤独地存在,宇宙中必然存在一个与地球完全对称的另一个星球,那里有我们能想到的一切。

在这个快波器件中,电子束与电磁波相互作用那是另辟蹊径,它干脆不去追那个跑得很快的轴向传播的电磁波了,转向追那个角向不停变换的电场,希望和它发生互作用。

设想一下,假如没有角向的电场,电子束将在磁场作用下以角频率 $\omega_c$ 绕中心轴做均匀回旋运动,当存在以角频率 $\omega_0$ 变化方向的角向电场时,电场将使一部分电子束加速、一部分电子束减速。当 $\omega_0 = \omega_c$ 时,被加速和被减速的电子数量相等,总体上此时电子束与电磁场之间没有静能量交换。但如果电场的振荡频率大于电子的回旋频率时,即 $\omega_0 > \omega_c$,失去能量的电子将多于获得能量的电子,结果就是电磁波从电子中获得能量而得到放大。

回旋管中电子束几乎可以与角向电场变化频率大于电子回旋频率的所有 TE 模式发生互作用,对 TE 模式的要求是既没标准,又没原则,更没底线,甚至有时候和 TM 模式也能搭上关系发生互作用。正是因为这个特点,它可以工作在很高的频率上,此时一般采用圆波导内的高阶 TE 模式作为与电子束互作用的模式。比如美国 CPI 公司研制的那个用于主动拒止武器系统上的 95GHz、百千瓦级连续波回旋管的工作模式就是选用的 TE22,6,1 模式。别看这个互作用模式是高阶模，但是这个器件的效率还很高，报道的束波转换效率大于 40%，这是一个非常了不起的数字，因为毕竟在如此之高的频率下还能保持如此高的效率。

当然了，回旋管的工作原理是比较复杂的，上面讲的是基本的原理，很多技术研究涉及的细节问题都没有讲到，比如说其中的 Weibel 不稳定性、相位俘获导致的增长率饱和等问题。我怕说多了、讲复杂了就会落入俗套，让这本书变得没有看头，所以简明扼要地归纳这个微波产生器件的主要特点来讲。如果哪个同学感兴趣，想深入研究这个东西，可以参考那些专业书或者是研究性文章。

回旋管产生高功率微波的有关研究美国和俄罗斯都做过，无非就是提高工作电压，让回旋管工作于相对论区域，他们曾经报道过获得几十纳秒、几百兆瓦微波输出的结果，但是后续研究报道几乎不见了。那是为什么呢？我认为主要原因就是高峰值功率的回旋管好像用处不是很大，而高平均功率的回旋管倒是需求多多，大家基本上也都知道瞄准需求做工作，所以导致了目前在高平均功率回旋管方面的研究铺天盖地。

## 3.9　混合机制高功率微波产生器件

俗话说，近亲有风险，杂交是优势。基于这个基本的原理，袁隆平创造了超级水稻，利用杂交优势解决了世界上三分之一人口的吃饭问题。在中国人漫长的生产、生活历史中还利用了杂交原理创造出了骡子这个力气大、怨言少，还不太爱生病的物种，一定程度上解决了农村生产力低下的问题。近些年,这个原理也逐渐被引入到了高功率微波产生器件的研究中,科学家们把基于杂交原理的这种高功率微波产生器件称为混合机制高功率微波产生器件。

混合机制高功率微波产生器件说白了就是利用多种高功率微波产生机制的杂交优势来克服单一机制高功率微波产生器件中的一些固有问题,从而使器件在功率效率以及输出功率上得到进一步提升。根据这个原理,可以通过各种各样的组合来实现这个目的,因此也造就了各色管种、花样翻新的混合机理高功率微波产生器件,比如速调返波管、返波速调管、行波速调管等,当然也包括多波契伦科夫器件(MWCG)。

为了说明混合机制的高功率微波器件的原理和优势,举一个速调返波管的例子来说明,原理示意图见图 3 – 14。

从图 3 – 14 给出的器件结构看起来,这个速调返波管明显谁都不像,既有慢波结构,也有调制腔。其中,接近二极管的两个谐振腔主要起到两个作用:一是反射管子内的反向微波脉冲;二是为电子束提供一个预调制,看起来真是不错,一举两得。其实这个东西用得好还行,如果参数设计得不合理或是二极管实际电压及电流与最佳设计参数不一致,结果惨不忍睹。

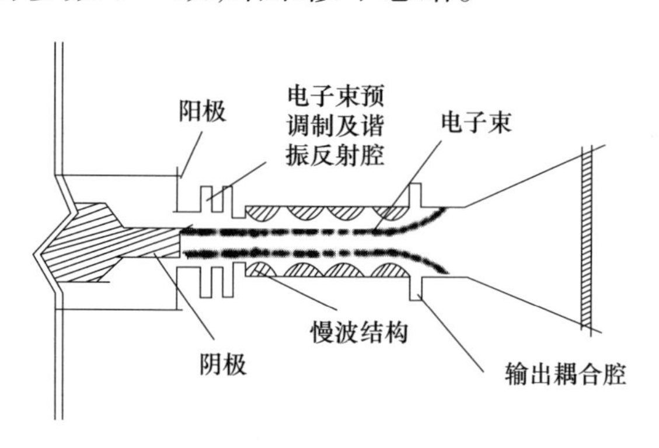


图 3 – 14　速调返波管原理图

预调制腔与耦合提取腔之间的慢波结构起到普通返波管的作用，电子束与慢波结构中的 $TM_{01}$ 模式发生相互作用产生高功率微波。但是在这一段一般不会设计得让电子束与微波互作用机制达到饱和，只是希望前面激励的微波具备足够的场强使电子束的速度预调制满足后续互作用需求。随后的慢波结构加深电子束的密度调制，最终在提取腔使电子束完成与谐振腔 $TM_{010}$ 模式的能量交换。通过上述的多次调制过程，速调返波管中的电子束调制的深度和有序性大大增加，同时在提取腔与 $TM_{010}$ 模式的有效互作用过程中可以精确被控制。数值模拟结果表明，此种相对论高功率微波产生器件效率可以高达 50%，前景是十分诱人的。但前景归前景，最终是否能做到这么高的效率，还要等试验结果来证明。

## 3.10　脉冲压缩产生高功率微波

前面提到过脉冲压缩这个概念，用这个方法产生高功率微波也是非常容易想到的。它的原理也是和前面讲到脉冲功率驱动源一样，就是把长时间的低功率压缩成短时间的高功率，从而实现功率增益。采用脉冲压缩的方法产生高功率微波的增益值有一些公式可以描述，但是这些公式相当长。所以，我用简单的道理解释一下脉冲压缩方法产生高功率微波的原理。

基本上讲，脉冲压缩产生高功率微波是利用在一个高 $Q$ 值（品质因数）谐振腔中注入微波储存能量，然后再利用快速微波开关把高 $Q$ 值的谐振腔的 $Q$ 值迅速降下来，从而把其中储存的微波能量快速释放出来，由于储能的时间长、放能的时间短，由能量守恒定律可以知道放能时的功率会大于储能时的功率，这个功率的提升就称脉冲压缩过程的功率增益。打个比方，这种脉冲压缩的方式就像水库中的蓄水和放水，你可以把一个月储存的水开大闸门一天放光,所以出水的流量一定大于存水时的流量。讲到这儿大家一定又要问了,什么是谐振腔的 $Q$ 值?它是一个常数,表达式为

$$Q_0 = \omega_0 W / P_L$$

式中:$W$ 为谐振腔的平均储能;$P_L$ 为一个周期内的平均损耗功率。

其实 $Q$ 值就是评价一个谐振腔能不能“装”的一个数值,这里的“装”是指装东西,它能装的东西就是微波能量。谐振腔的平均储能和谐振腔内表面的电导率、粗糙度、腔的大小等相关。可以想到,如果想要提高 $Q$ 值,提高内表面电导率是非常有效的方法。

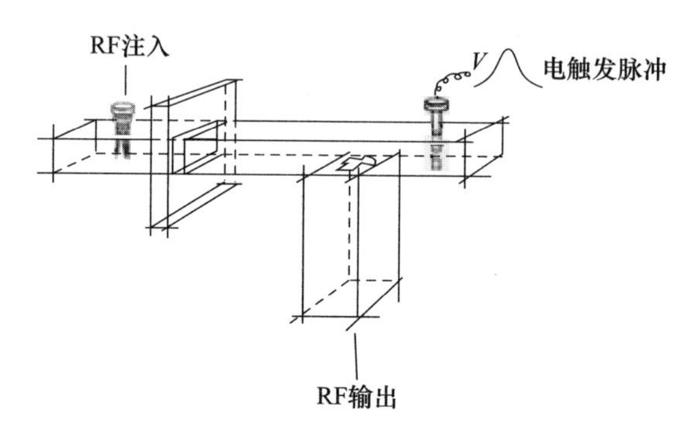


图 3-15 脉冲压缩产生高功率微波原理示意图

脉冲压缩方式产生高功率微波的功率增益与两个因素相关:一个是谐振腔储存能量的大小,相当于水库的库存容量;一个是微波开关速度的快慢,相当于水闸的放开速度。如果储存能量小了,放出去的时候功率也一定大不了;如果开关速度慢了,$Q$ 值缓慢减小的话放出去的功率也就大不了。

为了提高谐振腔的储能,通常的做法就是提高腔的内表面电导率,最容易想到的方法就是采用超导谐振腔,这个电导率就足够高了,$Q$ 值随随便便可以做到十几万。为了提高开关速度,应用于高功率微波产生的脉冲压缩系统开关通常采用等离子体开关,它一般采用一个小型脉冲功率系统产生,开关速度可以达到

纳秒量级。

采用脉冲压缩方法产生高功率微波严重依赖于开关的速度和稳定性,可是等离子体开关的一大特点就是不稳定,所以采用这种方式产生高功率微波就不是很稳定,一会儿有一会儿没有,一会儿大一会儿小,对应用来讲这个东西不太好使,因此导致了这种高功率微波产生方式的研究和应用逐渐减少,退出舞台默默成为了看客。干这行的兄弟们也是转行的转行,但是积累下来的物理知识成为了他们人生道路上战无不胜的利器,皆因世间万物一通百通。

## 3.11　电真空器件合成

高功率微波既可以利用工作在相对论条件下的高压、强流电子束微波器件产生,那么即使普通人也应该能想到可以利用多个传统电真空器件合成来产生。

不过世事难料,现在不仅新型雷达系统上的电真空器件很少用到了,而且机载以及弹载雷达也大多数开始采用半导体有源相控阵雷达系统,电真空器件行业开始急眼了,对,他们急眼了。

于是有的单位开始谋求转行,搞起了SAR(Synthetic Aperture Radar)系统,这和电真空器件一点关系都没有。有的单位四处出击,想找到新的发展方向,这时他们突然想到了高功率微波。但是高功率微波这个行业也不是那么没有技术含量的,利用电真空器件合成产生高功率微波也遇到了一系列问题,包括电子管多管合成效率问题、多管相位噪声问题、窄脉冲产生问题、系统复杂性和造价等,目前进展好像不是太大。但无论如何,我认为这是一个发展的方向,对不对谁也不知道,实在不行就碰到南墙再回来，总比困在原地左顾右盼强。我想，只要这些同行们痛定思痛，一定就能实现华丽转身，投入到这个欣欣向荣的同业者的怀抱中来。

## 3.12 大功率半导体微波器件合成

之前从未有人想过可以利用半导体微波器件合成能够产生高功率微波，因为利用手头上现有的10W、8W器件合成来产生高功率微波好像真的很不现实。

想不到不代表做不到，这些年，虽然不再提“人有多大胆，地有多大产”的说法了，但是我们已经一脚迈进了只谈梦想不谈理想的年代。

在这个急躁的时代基调下，半导体器件从业者们也开始雄心勃勃，几乎是全面出击，大有“宜将剩勇追穷寇”之势。可以预计通过几年的努力，半导体微波器件单管功率提升至千瓦量级未来可期。如果有朝一日实现了，那么一个革命性的高功率微波产生方法就诞生了。

为什么要提这个利用半导体器件产生高功率微波的方法呢？那是因为这个方法具有巨大的应用优势，它的工作带宽很宽，可以采用相控阵形式发射，工作比可以从目前的高功率微波产生器的百万分之一提升到千分之一甚至百分之一。可是它难道就没缺点吗？有，必须有，那就是它太贵了！现在一个TR组件动辄几千上万，如果产生高功率微波至少得几万到十万个单元，一套系统高达几个亿十个亿，谁能用得起？所以下面他们的工作不仅是要提高功率，降低器件成本也是必需的工作，如果价格降不下来，这个孕育着未来革命性希望的技术可能要多等几年了。

## 3.13　脉冲缩短效应

脉冲缩短效应对于高功率微波系统来讲是个头疼的问题(图3-16)。

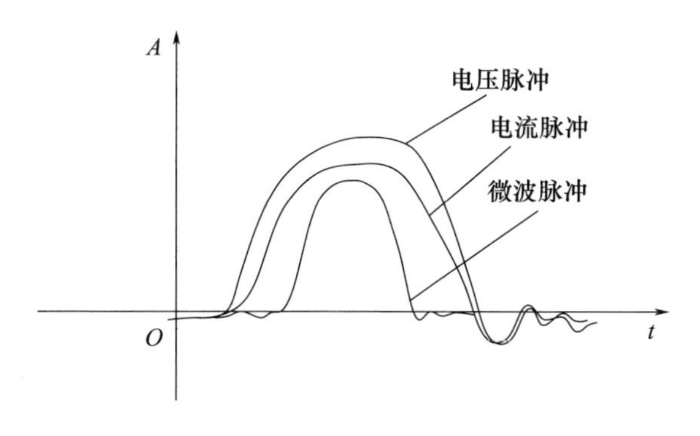


图3-16　脉冲缩短效应示意图

由于脉冲缩短效应的存在,使得大部分高功率微波产生器件的能量效率并不像功率效率那样看起来赏心悦目。能量效率总是让搞这个方面研究的人员不省心,因此大部分参考书籍以及文章中都很少谈及能量效率。

高功率微波产生过程中的脉冲缩短原因来源不一,多种多样,但最大的一个就是系统中的高密度等离子体产生及扩散影响了电子束与微波互作用过程的持续稳定,最终导致束波互作用过程的崩溃,从而微波产生早于电子束脉冲持续过程而中止。

高功率微波产生器件中的等离子体产生过程比较复杂,归纳起来主要包括以下几个方面:

(1)阴极等离子体产生及扩散。前文说道,高功率微波产生器件由于需要电流巨大,达十至百 kA 量级,因此不约而同都用了爆炸发射阴极(这里说的爆炸发射是不用炸药的,只是想利用这个词形容一下这种阴极发射电子束时的急迫心情和心理状态)。这种阴极是利用瞬态的强场加载导致的场致发射产生电子,基本过程是:阴极微凸起场增强点电子发射→微凸起加热气化→气化阴极材料分子或原子被电子轰击电离形成等离子体→微凸起附近稠密等离子体扩散→等离子体布满阴极表面,并在电场作用下向阳极扩散。通常认为等离子体的扩散速度在 3 ~ 10cm/μs 内,实际情况下,等离子体的扩散速度好像比这个更快些,因为电子束脉宽大于 10ns 的高功率微波产生器件中几乎都观察到了显著的脉冲缩短现象,又找不到其他原因,只能说是因为等离子体的影响了。

(2)收集极等离子体产生及扩散。所有的高功率微波产生器件都有电子束收集极,它就像买一套房子,总不能只有厨房、客厅、卧室没有厕所吧。电子束收集极就是微波产生器件的厕所,用来收集束波互作用后残余能量的电子束。前面讲过,很多高功率微波产生器件的残余电子束能量还是很高的,比如相对论返波管中的残余电子束能量就在约 0.8 倍光速。而且电子束密度很大,达到 10 ~ 20kA/cm$^2$ 量级,简直和机械加工中电子束焊接所用的束流密度相差无几。如此之高密度的高能电子束轰击到电子束收集极上,无论收集极采用什么材料、什么散热方式,都挡不住电子束瞬态轰击的洪荒之力,于是表面气体脱附以及材料溅射而导致的高密度等离子体就产生了。这个位置的等离子体产生后基本上都是向微波传输通道扩散,当等离子体的密度达到一个合适的阈值时,器件产生的高功率微波脉冲要么被吸收,要么被反射。输出微波如果部分被吸收还好,不会影响器件中的束波互作用过程,但是如果被反射的话就不一样了,它会干扰束波互作用,它看起来像是器件中产生微波的好基友,但是这个电灯泡起到的绝对是坏作用。

(3)束波互作用腔内表面等离子体产生及扩散。高功率微波产生器件的束波互作用腔表面电场非常强,每厘米约在几百到几兆伏量级,加之高功率微波产生器件的表面加工和处理方法比较粗犷,远不如电真空器件那样细致入微。所以在强电场作用下那些突出的微点会有场增强效应,从而会因场致发射产生电子。电子在束波互作用腔内较强的微波电场作用下加速后轰击腔的表面,发生二次电子倍增效应,从而产生大量等离子体,这些等离子体在腔内静电场和微波谐振场的共同作用下扩散,最终会破坏束波互作用过程。

上面讲的是想象中的束波互作用腔等离子体产生及扩散过程,实际上是不是这样呢?反正也没有很好的试验检测手段,谁也没有见到过。数值模拟倒是可以做一些模拟仿真,观察到的现象就是我前面说的。但是毕竟它忽略了诸多实际条件,可真实情况又是如何?

无论如何,前面的 3 种等离子体产生的原因交织在一起导致了高功率微波产生的脉冲缩短现象。具体到某种器件是哪个原因占主要成分,需要具体问题具体分析。

脉冲缩短现象虽然不好,那可怎么办呢?不过这也是好事,它为很多研究人员找到了新的课题。抑制脉冲缩短效应一般要从源头做起,这像中医治病,治病要治本。

治好脉冲缩短效应这个病的本就是等离子体的产生及扩散,其中主要努力的方向是抑制等离子体的产生。那么为什么不抑制它的扩散呢?答案就是不是不想做,而是实在做不到。既然抑制扩散做不到,那么也不能什么都不做呀,抑制等离子体的扩散速度还是可以做到的。根据这个思路,阴极等离子体的抑制主要是通过表面浸润碘化铯溶液,提高等离子体中的阳离子原子量,降低等离子体扩散速度;收集极等离子体的产生及扩散速度抑制主要是通过采用高熔点收集极材料、收集极散热降温、陷入式收集极结构等方法;束波互作用腔内表面等离子体产生的抑制主要是通过采用低的二次电子发射率材料来实现。

总之,这些年研究人员尝试的方法花样翻新,对等离子体抑制的方法得到不断改进,抑制效果也越来越好,可以预期未来在应用需求的牵引下,脉冲缩短应该是可以找到灵丹妙药的。

## 3.14 支撑技术

常言道,“一个好汉九个帮,众人摇橹开大船”,高功率微波产生器件如果做得好也要有好帮手,所以无论做任何事,选择队友很重要。因此,下文专门聊一聊这些高功率微波产生器件的“队友”。

### 3.14.1 强流电子束阴极

前面讲过,所有的高功率微波产生器件都是由一个强流电子束二极管来产生几千安至几十千安的强流电子束,这个二极管结构简单,乏善可陈,只包括阴极和阳极,最多把真空系统包括进来,再就没别的东西了。那我为什么不讲阳极呢? 原因是这样的,阳极说白了就是金属外壳,圆圆的、胖胖的也没什么复杂结构,好像也没什么东西可讲,所以只好讲阴极了。

在强流电子束二极管中,这个阴极的作用不可小觑,它几乎直接决定了电子束流质量和形状,是高功率微波产生器件输出功率和效率的决定因素之一。因此,器件中阴极的地位极其重要,它简直就是高功率微波产生器件关键,这个关键关系到高功率微波产生器件的性能。

高功率微波器件对阴极的需求归纳起来有 4 个方面:一是发射束流密度要高;二是电子束流发射均匀性好;三是阴极等离子体

速度要慢;四是束流发射度要低(就是电子发射方向、速度一致性程度高)。实际上能同时满足上面4个需求的阴极实在不多。

高功率微波产生器件研究史上曾经出现过许多类型的阴极,如爆炸发射阴极、场致发射阴极以及借用电真空器件的铁电阴极、光致发射阴极、储备阴极、热阴极等。大部分经过一段时间的研究和试用后都消失在历史的尘埃中,坚定地留下来随我们一起奋战的还是忠厚刚烈的爆炸发射阴极。即使有人声称他所采用的是场致发射阴极或是铁电阴极等,不管别人信不信,反正我是不信。因为实际上这些阴极工作时只是初始状态有所不同,一旦开始发射后,表面由于大电流加热效应会导致产生的等离子体迅速布满阴极,因此也就由初始状态立刻过渡到了爆炸发射状态,大家表现再无不同。

爆炸发射阴极不是阴极中的完美者,他有很多缺点,但是不妨碍大家喜欢。为了尽力减少它的缺点,发扬它的优点,研究人员做了许多卓有成效的工作。前面讲过,有的研究为了阴极等离子体速度,就在表面浸润 CsI 溶液,利用碘离子和铯离子比通常阴极材料原子量大的特点降低阴极等离子体在电场作用下向阳极扩散的速度,这个道理很简单,就像一头肥羊肯定比一头瘦羊跑得慢一样,非常容易理解,所以科学研究不需要高深的知识,知道生活常识即可。

第二个有意义的工作是介质场增强阴极的提出和实现。这个概念是刘国治院士最早提出并在理论上给出了预测。他的理论核心就是阴极发射电子初始来源为表面杂质与阴极本体材料界面场增强所致,而非微凸起场增强所致。随后这个理论由孙钧博士做了细致、完善的试验验证工作,最终确认了这种结构的介质场增强阴极确实有用。再后来,吴平博士做出了实用化的三明治夹心介质场增强阴极和纤维掺杂场增强阴极,这些阴极不仅在发射束流均匀性上有了革命性的提高,而且还试验证明其寿命可大于 106 个脉冲(图 3-17)。

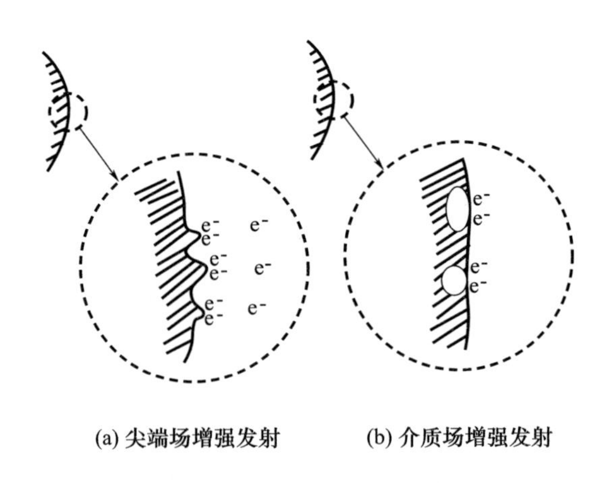


图 3-17　爆炸发射阴极尖端场增强发射与介质增强发射示意图

## 3.14.2　强流电子束收集极

前面也提到过强流电子束收集极,它要耐受高流强、高能量残余电子束的轰击,简直就是高功率微波器件中备受欺负的老好人。

在通用电真空器件中,电子束收集极的设计可以做出花儿来,因为反正残余电子束能量及功率密度都不高,好办。而高功率微波产生器件的电子束收集极中,它要耐受高流强(几十 $kA/cm^2$)、高能量电子束(MeV 级)的单次或连续轰击,搁一般东西,这都受不了。这还不算,这些年为了不断提高输出微波功率,高功率微波产生器件的工作电压和电流也在不断提高,反正是根本不管别人能不能受得了,一个劲儿地蛮干。

其实,好办法确实不多,通常能够采用的办法也就是笨办法。也就是搞一个圆筒在束波互作用区的下游让残余电子束直接打上去,圆筒的外径通常要大于电子束直径。

但是直接这么用行不行呢？单次工作可能行,重复频率工作肯定是不行的。前面说过,这个电子束几乎可以和电子束焊接的束流密度接近,它在几十纳秒的时间内沉积在收集极表面,与热传导这个慢过程相比,这个束流热沉积过程热源与外界几乎是绝热的,因此,它在收集极表面产生的加热效应是惊人的,可以使大部分的材料气化、溅射并伴随大量等离子体产生。这要是不想点办法,收集极在几个脉冲的轰击下就会损伤,即使没有完全坏掉,它产生的等离子体将会对高功率微波的提取产生致命影响。

综合上面的需求和问题,解决电子束收集极问题的关键就两个:一是收集极要长寿命,就是要耐得住电子束的轰击;二是要低的等离子体密度,就是要受到电子束轰击后能撑得住。

要解决到上面提的两个问题,关键是散热,散热要做好,也要对应做两点工作,这两点分别是扩大电子束轰击区域和增加散热功率。

第一点扩大电子束轰击区域是为了降低收集极单位面积上的轰击电子束功率,降低表面温度。这个通常是利用在收集极区域减小磁场强度,增加非轴向磁场分量来实现。第二点是使收集极表面与电子束倾斜相切,尽量扩大收集极面与电子束接触面积,降低单位面积上的沉积能量。第二种方法听起来很好,实际上很不好用。因为这种方法会导致电子束与慢波结构的对准直变得非常困难,对准直偏差容忍度非常小,用起来会让人抓狂。

可是增加散热功率该怎么办呢？现在可用的方法听起来好像也很多,其实好用的不过两三个。这包括单纯加大冷却水压力和流速、采用毛细管高压湍流水散热和高速射流相变散热等方法。在加大散热功率的同时,收集极的结构设计还应该考虑材料热传导及结构可靠性之间的平衡。为什么这么说呢,那是因为如果收集极内表面与散热冷却水通道之间隔离层厚度过大,将会导致由于慢过程热传导引起的重复频率工作条件下收集极表面温度过高,而该隔离层过薄又可能导致其在高压水流下受电子束轰击的激波效应冲击损坏,同时还有可能在收集极及冷却水接触面由于温度过高形成汽化绝热层,影响散热效率(图3-18)。

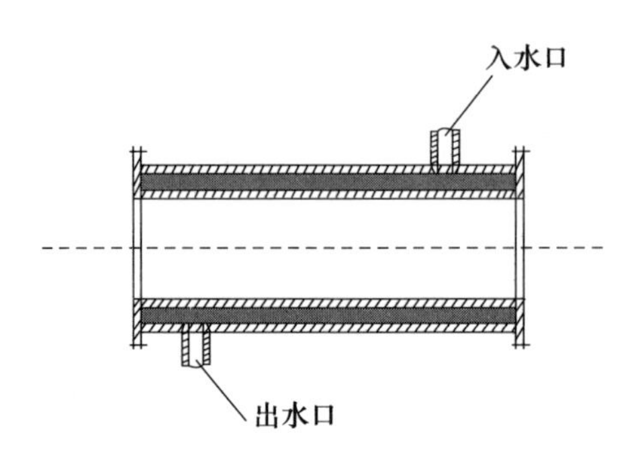


图3-18　水冷电子束收集极示意图

总之高功率微波器件中强流电子束收集极的散热结构设计远没有想象中的那么简单。

还有一种在常规速调管放大器中经常用到的收集极称为降压收集极,它是利用在束波互作用区下游设置多级具备反向电压的电极降低电子束到达收集极时的能量,并回收部分能量。这个东西在常规速调管和行波管中用好像都没什么问题,有人就想到把它照搬过来用在高功率微波产生器件中,结果可想而知,它再次证明了"成功不可复制"这个道理。其原因在于这么高的脉冲式反向电压怎么产生?产生效率有多高?怎么加载?怎么进行时间精确控制等一系列问题,反正迄今为止我没有看到一个可以称得上是高功率微波产生器件的用上了这个东西。

### 3.14.3　引导磁场系统

引导磁场系统对于大部分微波产生器件来讲是个必需品,为什么说是大部分,因为虚阴极振荡器和磁绝缘线振荡器就不需要。

其实不需要也并不是什么值得骄傲的事，这不要那不要，效率上不去也没什么大用。像公司招人，有的人一个月要两千，有的人一个月要两万，可是要两千的什么都不会，要两万的能帮老板开疆拓土，你是老板你要谁？

高功率微波产生器件中采用的磁场系统一般来讲磁感应强度需求都比较高，通常为0.8～4T，是地磁场强度的几千到几万倍，所以大家用的时候要小心，尤其是“扳手、硬币、小镊子、钥匙、电筒、钢板床。”

常用的磁场系统有4种，分别是脉冲磁场系统、恒流磁场系统、超导磁场系统和永磁磁场系统。下面分别介绍一下它们之间的区别和主要用途。

高功率微波产生器件需要引导磁场一般是轴向均匀场，这种磁场什么东西能产生呢？大家仔细回忆一下高中物理课本讲到有关法拉第电磁感应定律的知识。产生轴向均匀磁场用螺线管磁体最好，所以工程设计人员就采用这种方式来制作脉冲磁场系统。不过工程应用中，一般不会把磁场系统做成一整个大的螺线管，通常做成多个大饼状的螺线管串在一起并联放电来用，这主要是为了减小放电时间常数，同时也为了安全。脉冲磁场主要用于高功率微波器件的试验系统或者是需要较低磁场的高功率微波产生器件，那是因为这种磁场系统制作简单，磁场大小调整方便。但是这种磁场系统由于电路电感和电容值巨大，所以电路时间常数一般在毫秒到秒量级，实际上高功率微波器件所需的磁场脉冲只要几十到百纳秒量级脉冲宽度，所以这种磁场系统能量浪费巨大且重复频率太低。

恒流磁场系统是用螺线管磁场系统产生稳定的磁场，供电电源为大功率直流电源。为了产生高磁场，这种系统需要的电流非常大，达到几十到百安量级，大家可以想象它的用电量是惊人的，最高达到百千瓦到兆瓦量级。俄罗斯人曾经用这样一套系统给相对论返波管提供引导磁场,为了给它供电专门建了一个小型变电站,真是太夸张了。同时,这个系统还有一个缺点就是几乎是用多大功率的电就得用多大功率的冷却系统来冷却线圈,因为电能几乎都损耗在线圈上了。例如用100kW的直流供电系统,那就得用100kW的电功率来冷却线圈,加起来要用200kW。所以这种系统只有地大物博、幅员辽阔、资源丰富的俄罗斯人才用,我们可用不起。其实后来研究人员也没有抛弃这样的直流磁场,只不过把它应用在低磁场高功率微波产生器件中,这样系统消耗的电功率还凑合,可以接受。

超导磁场是目前重复频率高功率微波产生器件比较适用的引导磁场系统。超导磁场由于可以产生高达10T到几十T的磁场,且只用给制冷机供电即可,功率需求也不大(一般为8~10kW左右),所以它和重复频率高功率微波产生器件的结合简直就是天赐良缘。超导磁场的轴向均匀磁场也是由螺线管产生,只不过螺线管导体材料(一般是铌钛超导线材)工作在超导状态,所以除了励磁过程,之后再不用电。超导磁场系统有两种形式。

(1)把螺线管全部泡在装有液氦的容器中,让线圈温度保持在4.2K以下。这是一种笨办法,属于一般人都能想得到的方法。

讲到这儿,顺便说说液氦,它的气化点为4.2K,也就是-269℃。一般人可能认为在常温下看不到液氦,实际上不是这样,你甚至可以从容器中舀一瓢液氦出来,只不过很快就会气化消失。少量的液氦滴到人皮肤上也没关系,它的热容量很小,马上就会气化,甚至连感觉都没有。但是气化点为77K(-169℃)的液氮就不一样,它的热容量大,接触到皮肤会导致严重的冻伤,所以医学上会用它来治疗皮肤病。

（2）超导磁场是无液氦超导系统，它是利用超导制冷机直接冷却线圈至 5K 以下，从而使线圈材料达到超导态。超导制冷机说白了就是一个空调，只不过家用的最多冷到 16℃，这个就厉害了，可以冷到 -269℃。无液氦超导系统这种结构形式比前面讲的那种直接泡在液氦中的形式好，不用液氦，对环境适应性就强，也避免了在偏远地区找不到液氦的尴尬。另外，近些年液氦被美国人列为战略物资对中国限制进口，有限的进口量大部分被医院的核磁共振仪器中的超导系统用掉了，所以抛开液氦的限制对未来高功率微波系统的应用也有重要的意义。

前面讲的这些磁场系统都要用电，实在是费钱又麻烦，那么有没有不用电的磁场系统呢？答案是有！那就是永磁体磁场系统，它不用电。利用永磁体做电真空器件的磁场系统已经几十年过去了，但是在通用电真空器件中，需要的磁感应强度一般比较低，通常不大于 5000Gs（1T = 10000Gs）。高功率微波器件需要的引导磁场通常要在 7000Gs 以上，得益于近年来稀土永磁材料的研究进展，这个愿望很快就被实现了。现在的稀土永磁材料最高磁场可以达到 1T 以上，不过它的特点就是磁场强度最强位置在磁极附近，产生轴向均匀的磁场比较困难。当用永磁系统产生轴向均匀磁场时，必须采用多层桶装磁环垫补的方式实现，系统的重量与所需的磁通量几乎成指数关系，当高功率微波器件尺寸较大时，利用永磁系统提供引导磁场将成为不可能，主要是因为太重且造价昂贵，由丁肇中先生提出建造的国际空间站上那个α磁谱仪中的偏转磁场系统就是用的这个东西。

在实际应用中，为了减小永磁磁场系统的重量和体积，有人提出了周期永磁磁场结构。实际上就是利用磁铁 N、S 极交替排列形成接近磁极表面的周期磁场，而电子束在传输过程中又是一个类似于没有方向感的路痴，只要有轴向磁场存在，方向正反都行。但是,由于是磁铁 N、S 极交替排列产生的磁场,它将表现出周期性强弱和方向分量(图 3 - 19)。

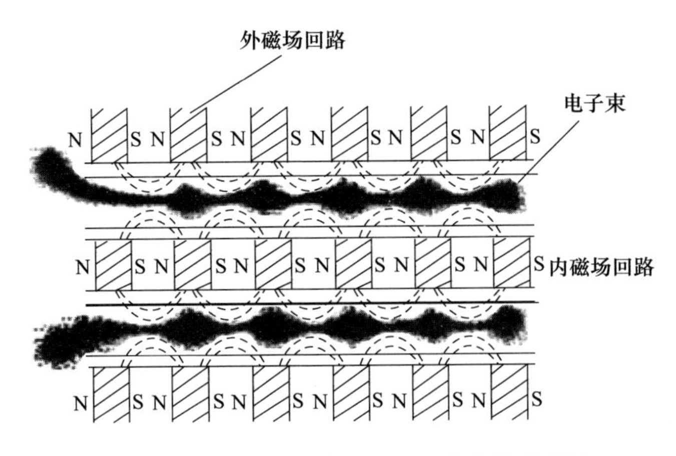


图 3 - 19　周期永磁磁场用于电子束传输示意图

这个方法好像听起来不错,但是在实际高功率微波器件中的应用效果甚是不好。周期性永磁系统中电子束传输不是一个稳定的过程,它把电子束的形状调制成类似于传统老北京糖葫芦一样的形状。单单就它怎么和高功率微波产生器件中慢波结构的周期相匹配就是一个挠头的问题,至于在高功率微波产生器件中谁把它用好了,还不知道。

## 3.15　超宽谱高功率微波产生

讲到超宽谱,虽然都是高功率微波,但是这个“波”不同于那个“波”。俗话讲得好,波不同不相与谋,还讲,同行是冤家,它是好是坏,由大家理解。

高功率微波有两种形式,即窄谱高功率微波和超宽谱高功率微波,它们两个是双胞胎,但是绝对是异卵双胞胎,因为它们完全不一样。

超宽谱高功率微波这项技术和窄谱高功率微波技术的发展起始原因几乎一样,也是由同样一帮人琢磨出来的。在20世纪60年代,核试验在国际上进行得如火如荼,试验中发现高空核爆可以产生很强的电磁脉冲(EMP),1961年,俄罗斯人在新地岛上空进行空爆核试验时发现,对数千公里内的电子系统产生了电磁冲击干扰,部分防空雷达系统损坏,无线通信中断。后来,为了研究核电磁脉冲对电子系统的影响,科学家们绞尽脑汁终于研制出了模拟高空核爆的电磁脉冲发生器。再往后,研究者们举一反三,把核电磁脉冲模拟发生器的脉冲前沿进一步缩短,于是,超宽谱高功率微波诞生了。

超宽谱高功率微波覆盖的频率范围通常为几十兆赫到1GHz,它的具体频谱成分和实际波形相关。这么说吧,超宽谱高功率微波脉冲就是一个前沿只有几十皮秒到纳秒量级的极短电脉冲,它包含的频谱成分多少与脉冲的宽度成反比。没有什么特别准确的估算频谱的公式,因为超宽谱脉冲的频谱成分不仅和脉冲前沿相关,而且也和脉冲宽度和后沿相关。实际工作中只需把脉冲形状记录下来,用一个简单的时频分析软件就可以准确给出来。

那么超宽谱高功率微波该怎么产生呢?答案其实我已经说过,仔细动动脑筋就知道了。

### 3.15.1　形成线脉冲压缩

超宽谱高功率微波产生其实不麻烦,前面我讲过,脉冲功率驱动源,他们中的任何一个都有潜力成为超宽谱高功率微波源(图3-20)。道理很简单,因为脉冲功率驱动源本身就是电脉冲压缩装置,它把市电一级一级地压缩成为超高功率的电脉冲,如果把最后面的电子束二极管去掉,把那个电脉冲进一步压缩直到脉宽成为纳秒量级,超宽谱脉冲就出来了。实际应用中,由于脉冲功率驱动源的脉冲压缩通常都是由多级形成线完成的,就是形成线的电长度一级比一级短,那么它给出的电脉冲宽度也就一级比一级窄,电压也就越来越高。到了最后一级,通常就不再用形成线压缩的方式了,那样结构复杂,也不好做了。那么,这时候“气体开关”该上场了。

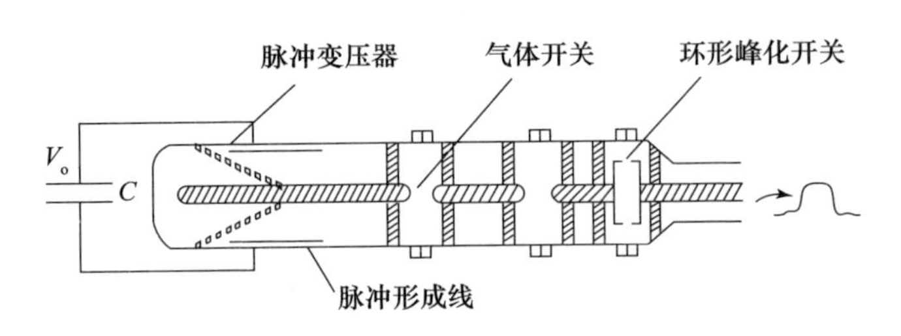


图 3-20　超宽谱源示意图

这里用的气体开关一般称为“峰化开关”,通过这个开关使前级电脉冲的低电压不能通过传输线间隙,当电压接近峰值时开关瞬间导通,从而使脉冲前沿陡化至几十皮秒到纳秒量级。

峰化开关内一般是要充上气体的,早期一般都采用氢气,氢气的优点在于它的高工作场强和快速的绝缘恢复能力,这是因为它有较高的电离能和快的恢复速度。这又是为什么呢?高中化学知识告诉我们,氢气分子结构稳定且原子量最小,不易电离且电离后复合速度极快。但是这个玩意儿有个最大的缺点就是它不安全,操作时如果碰到个明火那就是一个炸弹。所以后来试验中也逐渐都不用它了。现在基本上都用氮气了,虽然它的性能不如氢气,但是它温文尔雅的性格比那个火爆的氢气要让人放心多了。

半导体固态开关的速度其实也可以做得非常快,尤其是激光光导开关,在激光照射下可以实现快速闭合,开关速度可以做到亚纳秒量级,快到你看不见。所以,也可以利用它作为超宽谱脉冲源的最后一级峰化开关。只不过这种开关是半导体器件,它的耐压不高,所以前级采用普通的电路进行脉冲压缩即可,不用那些大个头的脉冲形成线和高压电容等东西,可以做得比较小巧,但是功率也不大。它和用气体开关的大功率系统个头相比,相差悬殊。

同时,正是因为这种开关是半导体器件,它的重复频率可以做得特别高,可达几百千赫到兆赫量级,这简直是气体开关努力到死都不可企及的能力。所以,利用半导体固态光导开关做高重频超宽谱系统具有极大的优势。

除了光导开关以外,还可以采用雪崩二极管(肖特基场效应二极管)作为快速开关,这样可以做出更小巧的模块化超宽谱高功率微波产生装置。它的电路前级是一种 RC 振荡升压电路,升压原理类似于荡秋千时每个周期用力推你一下,当到最高点时雪崩二极管导通,从而产生一个快前沿的电脉冲。

但不管是光导开关还是雪崩二极管,对应用条件都特别敏感,一不小心就会坏掉,我曾经看到一个装置,它用坏的器件在地上放了一大堆,大约有上千个之多。据说有的单位已经做出了基于雪崩二极管的超高重频超宽谱高功率微波实用装置,并得到了应用。

# 第4章　高功率微波是怎么发射出去的?

高功率微波产生后怎么办,它需要有效地把产生的微波能量发射到目标上并产生作用,要不然干嘛用? 玩吗?

可是,在高功率微波之前好几十年电真空器件产生微波的发射都很好,难道还有什么新的问题吗? 答案就是:有,而且一定有。

高功率微波的特征就是功率高、脉宽窄,和通用微波这种流水潺潺相比,它简直就是惊涛骇浪。正是因为这两个特点,导致了高功率微波传输与发射的困难。不过搞科研就是没有困难找困难,找到困难再去办,实在没有困难创造困难也要办,下面讲一下传输与发射中的困难和解决办法。

## 4.1　模式转换与控制

许多高功率微波器件产生的微波脉冲模式都是类似于洋葱圈的中空微波模式,如相对论返波管,可是高功率微波的主要作用毕竟不是套圈,它需要把主要能量放到中心并辐射到目标上去。所以,这就需要控制高功率微波的产生模式,同时把输出模式转换为类高斯分布的中间实心模式。这个道理玩过手电筒的人可能比较明白,调节灯罩可以看到有时候光是圆圈,调好了光就可以聚焦到一点上。

波导中微波模式转换的是基于导波理论基础设计的,基本原理就是通过在微波传输波导中设计的传输不连续性激励起多种导波模式,然后再通过渐变的传输模式选择抑制的方法使传导模式之间实现转换,从而抑制掉不希望传输的模式,最终留下希望传输的模式。

适用于高功率微波的模式转换器类型有多种,一般常用的是把圆波导中的 $TM_{01}$ 模式转换为圆波导中的 $TE_{11}$ 模式,最常见的是那种 S 弯状的圆波导模式转换器(图 4 - 1)。由于圆波导模式转换器内表面规整光滑,所以功率容量相对较高,从而最为常用。还有插片式模式转换器和其他一些类型的怪模怪样的模式转换器,由于其内部结构复杂,从而导致其功率容量有限,所以不太常用。

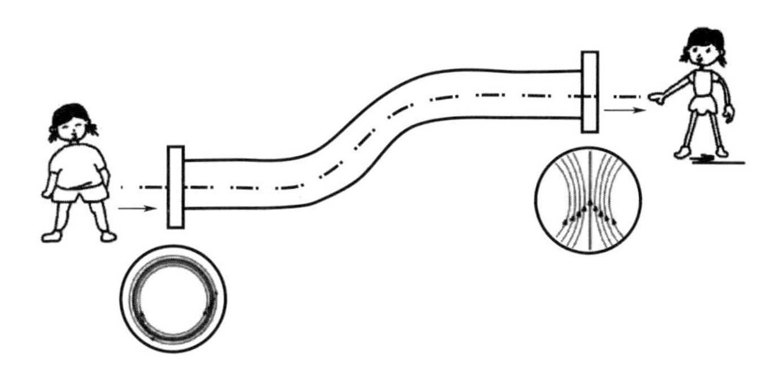

图 4 - 1　S 弯模式转换器

再说模式控制的问题,高功率微波模式控制其实是个复杂的问题,其终极目标就是希望高功率微波产生器件产生一个纯净的模式,只要纯净就好办,后面怎么用都好。如果模式成分乱七八糟,就像酱油撒到醋缸里,那可就再也搞不干净了。另外,模式控制也不是微波传输与发射系统的事,它的来源在于根上就不行,你说后面怎么控制。后面能做的无非就是像大米中挑小米一样把特征与主模式差别较大的模式抑制掉,如果这个杂散模式的特征与主模式比较相近,那就会像在粳米中找糯米,基本上就没戏了,肯定挑不出来。通常的传输模式控制方法就是选模抑制,比如采用角向均匀对称的插片抑制非对称模式,采用圆对称膜片抑制线极化模式传输等(图4-2和图4-3)。

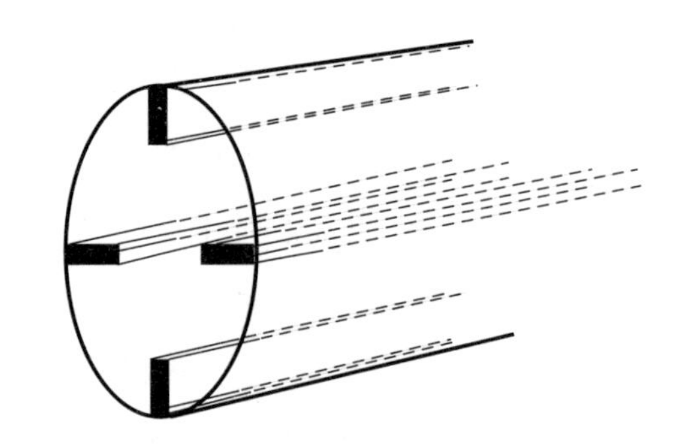

图4-2　圆波导中角向均匀对称插片模式抑制器

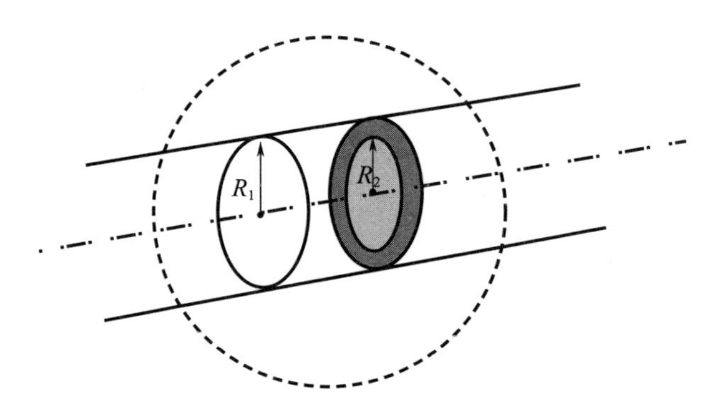


图4-3　圆波导中圆对称膜片模式抑制器

## 4.2　传输通道功率容量

高功率微波从产生出来到发射天线辐射出去需要经过好几段传输波导,这很容易理解,就像你做完饭总不能蹲在厨房就吃,还是要把它端到餐厅才可以吃。高功率微波脉冲从时间尺度和空间尺度上来理解就是一大坨一大坨的强电磁场,这么强的电磁场如果用普通标准方波导传输肯定是还没到发射天线就已经被损耗得快没了,因此这种雁过拔毛式的标准波导在高功率微波传输中一般不用。

那该用什么波导呢? 小学数学知识告诉我们,同等周长圆的面积最大。生活常识又提醒我们,只见过圆的水管,没见谁用过方的水管子呀。既然水管子都用圆的,那么用圆波导传输高功率也应该比方波导好吧。事实证明,确实也是圆波导传输高功率微波效果最好。

用圆波导传输高功率微波是不是就一劳永逸、再无烦恼了呢? 不是的,问题还是多多,其中最主要的还是功率容量问题。其实,对于高功率微波传输来讲,我们一般最关心的就是一件事,那就是传输效率。影响传输效率的就是传输波导的功率容量,传输波导的功率容量由波导内场强决定。通常来讲,高功率微波传输波导内表面场强允许值约在 300kV/cm 左右,超过这个值也不是不行,那就有击穿风险了。传统电真空器件中的击穿场强最高可达MV/cm量级,但这个值对于高功率微波传输波导来说是危险的。高功率微波传输波导的加工和处理是比较粗犷的,而且使用条件下的真空度要比电真空器件低得多,从而造成传输波导内表面击穿的阈值要低得多。

高功率微波传输波导击穿基本过程如下:强电场下金属壁上场致电子发射→发射电子在微波电场下被加速→加速电子轰击波导壁→二次电子发射、吸附气体脱附→气体电离击穿→等离子体形成及扩散。

上面描述的波导击穿过程有很多个环节,想办法切断其中任何一个环节都可以起到抑制波导击穿的作用,比如通过增加波导内径来降低波导壁上电场强度、通过烘烤减少波导壁上吸附气体、采用低二次电子发射率的波导材料等方法都可以起到很好的效果。

## 4.3 输出窗口击穿及抑制

高功率微波产生器件和电真空微波器件工作条件类似,都是需要在真空下工作的,原因就是它们要用到的电子束这个东西如果在大气中没走两步就被空气分子打劫了,压根儿谈不上传输。但是它们产生的微波是可以在大气中传输的,这可怎么办呢?总不能把所有的东西都放到真空中吧,得想办法把这两个区域隔离开来。于是有了窗,“上帝之窗”,它隔绝了真空和大气,承受微波的“穿膛止痛”。

当然了,高功率微波从真空中产生通过输出窗辐射出来不是简单地把输出波导截断加上一个辐射窗就行。通常是把辐射窗之前的一部分逐渐扩大,做成一个小的辐射天线,这样做有两个目的:一是减小到窗的电场强度;二是这个天线可以作为后面高增益天线的馈源。

现在有了窗,解决了真空到大气的隔离问题,但是顺便也带来了微波传输的介质不连续性,并由此导致微波电场诱发的窗口击穿问题。这个问题呢说麻烦也不麻烦,说实话,微波输出窗口能击穿的地方其实也不多,就两个,一个是里边击穿,另一个就是外边击穿。

### 4.3.1 内表面(真空/介质界面)击穿

其实,通用电真空器件的微波输出窗也有击穿问题,只是这些年来解决得还不错,因为毕竟小,可做文章的地方比较多。而高功率微波输出窗口击穿问题解决得就不好,一直是研究人员心口挥之不去的痛。由于实在是输出功率太大,且要求输出模式为类高斯模式,电场又相对比较集中,所以窗口击穿真是难办。这还只是其中一个原因,第二个原因就是为了尽量降低输出窗口的电场,高功率微波窗一般做得都比较大,直径动辄都是半米一米的,这样的话电真空器件中常用窗口材料这儿就用不上了。这又是为什么呢?那是因为电真空器件中所用窗口材料早些年是用氧化铝陶瓷,近年来为提高击穿场强又用蓝宝石或是金刚石镀膜材料,这些材料都很贵。不过贵还是次要的,主要是这些东西还做不大,小了又击穿,所以高功率微波输出系统没办法只好用有机材料了,像聚乙烯、聚苯乙烯、聚酰亚胺、聚四氟乙烯等这些都可以考虑。

有机材料的优点就是好加工、又便宜、个头大小都随意,不过它们缺点也挺多。这也好理解,辩证法告诉我们只有优点没有缺点的东西是不存在的,更别说随便一个材料。有机材料的最大缺点就是它们的漏气率和吸气率都远大于陶瓷材料,而且偏偏就是这些泄漏和吸附的气体分子是造成窗口击穿的主要因素。所以,这又是一个需要解决的难题。

虽然这是难题,但也是好事,有难题科研就有搞头,如果一个科学问题随随便便就被解决了,科研人员该失业了。

解决材料表面吸气及漏气,首先想到的方法是镀膜,就是给材料内表面镀上一层致密的类陶瓷膜,如氮化钛,从而降低窗的吸气率和漏气率。这个方法可以起到一定的作用,但是哪曾想有机材料弹性模量一般都比较小,说白了就是容易变形,抽真空过程中的外压变形会使镀膜脱落或者龟裂。同时,局部不可避免的击穿将会导致镀膜损伤,且该处损伤将在后续过程中持续恶化,造成镀膜损坏,因此镀膜这种方法不能解决根本问题。

随后想到的是材料表面改性,比如通过材料氟化等措施来消除材料表面及浅层易于脱附的吸附气体,这个工作也起到了一些作用,且通过试验获得了验证。但是材料氟化后状态是不稳定的,会随岁月的流逝逐步析出氟原子,所以这个方法虽然可用,但寿命是个问题。

有关高功率微波输出窗内表面处理的一项杰出且有效的工作是西北核技术研究所常超博士提出的,并在国际上迅速得到了同行的充分认可。他创造性地提出了采用表面刻槽的方法解决内表面场致发射导致的二次电子倍增继而引起的击穿问题(图4-4)。

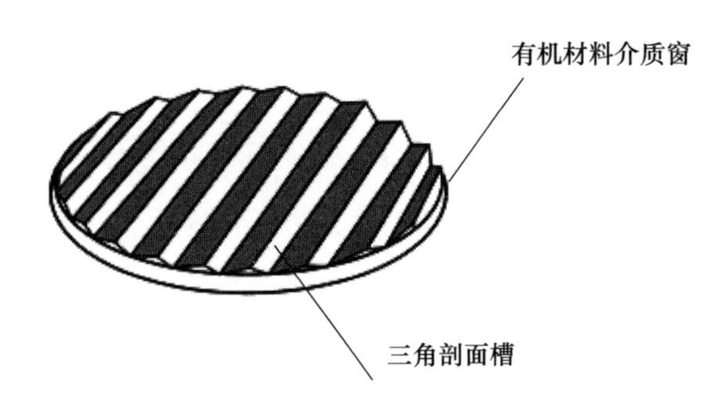


图4-4　刻槽介质板微波窗

常博士的理论模型完备复杂,其实最为有用的结论我认为有两点:一是刻槽确实管用;二是刻槽的宽窄与槽深和工作频率相关。

常超的主要思想就是利用刻槽使窗内表面大部分场致发射电子在微波电场下加速在没有达到二次电子倍增阈值时就碰壁了,从而抑制电子倍增过程的发展。这看起来是个小发明,但的确能起到大作用。

但是,是不是高功率微波输出窗刻了槽就一了百了了呢?事实是否定的,在介质窗内表面电场强度大于50kV/cm时,试验中发现击穿仍是不可避免,并不是常博士论文中设想的不管大事小事,刻了槽全没事。但是,这个按道理就不能埋怨人家常博士说得不对了,只能怪自己刻槽没刻好。

### 4.3.2　外表面(介质/空气界面)击穿

高功率微波输出窗外表面击穿的问题比较复杂,且位置不好界定,有的研究团队报道的试验结果说输出窗外表面其实没有击穿,只是外面的气体发生了强场击穿;有的文章报道的试验结果说输出窗外表面其实有击穿,而且还比较严重。这不是互相矛盾吗?

实际情况到底是什么呢?我认为,实际上是高功率微波输出窗的外表面击穿时上述两种情况都存在。为什么会说两种情况都存在呢?也不是没有根据地乱讲,是根据综合大量的试验报道给出的结论,绝不是空穴来风,很多的试验报道中的测量结果,尤其是图像诊断结果都可以综合得出上述结论。介质输出窗的外表面不会像介质/真空交界的内表面发生二次电子倍增击穿,因为介质窗外面的气压太高了,电子的自由程太短,压根儿不可能被加速到较高的能量诱发二次电子倍增的产生。当介质输出窗辐射的微波功率足够大时,微波场的场强就会足够高,介质窗外表面与外界气体的交界面由于介质不连续性导致的反射增强可能会引起介质场击穿。同时,我们都知道,空气的微波击穿阈值在 30kV/cm 左右。通常来讲,当场强大于这个值时,就可以明显地观察到空气的击穿放电现象。根据小型喇叭辐射天线的基本知识可知,它的辐射最强场一般不在天线辐射窗的外表面,叠加场的最大值一般出现在离开表面一定距离的空间位置上,因此最可能的气体击穿位置将发生在该处。

在一些应用中,为了抑制天线辐射场中的气体击穿,会给辐射窗上面套上一个气球,充上气后可以变得很大。应用时通常把气球里面充上耐击穿的六氟化硫气体,大约 1 个大气压的六氟化硫气体就可以把击穿阈值提高至空气击穿阈值的两倍以上,这个效果甚好。

至于介质外表面由于介电常数不连续性引起的反射波叠加增强诱发的介质击穿,抑制方法只有靠选择击穿阈值较高的材料来实现了。因为介质窗的厚度选择一般为照顾反射系数最小而确定的,其他的方面就不能考虑了。

高功率微波输出窗击穿还有一种情况,那就是气体击穿诱发的介质表面击穿,这是一个不良少年带坏一个班同学的坏典型。介质窗外的气体击穿会产生大量的种子电子和紫外线,它们会诱发介质材料表面或近表面的介质材料微观结构击穿,形成类似于树枝状的放电击穿碳化痕迹,而且这种击穿是一种累积恶化的破坏机制,在一次产生后会越来越严重,一发而不可收拾。

输出窗外表面的击穿是一个需要关注的大问题,解决不好小毛病也会酿成不治之症。其实,整个高功率微波系统的强场击穿问题就是一个按下葫芦浮起瓢的问题。产生器件击穿抑制得好,输出功率就变大了;管子输出功率变大了,传输波导受不了就击穿了;传输波导击穿抑制住了,馈源喇叭又开始击穿了;馈源喇叭击穿刚刚搞定了,波束波导又开始击穿了;波束波导充上气消停了,辐射天线主副反射面又要击穿了。总之,最终结果是总有一个会受不了,产生击穿。但是,实际解决这些科学问题的过程也是一个征服自然的过程,科研人员只有翻过一座座小山才能看到背后那座梦中的高山,我们不期望逾越那座高山,但绝不能望不到它就无功而返。

## 4.4 高功率微波发射

其实,高功率微波的发射系统与通用微波发射并无二致,只是高功率微波系统需要重点关注 4 个东西:功率容量、短脉冲效应、增益和效率。这里面,功率容量和效率最让人头疼。

常用的窄谱高功率微波发射系统形式有几种,包括波束波导+卡塞格伦天线、波导+波导旋转关节+偏馈反射面天线、功率分配器+无源相控阵天线。在这几种发射系统中目前最为成熟的就是第一种,因为这种构型天线的功率容量、增益和效率都可以做得很高。

### 4.4.1　波束波导+卡塞格伦天线

波束波导+卡塞格伦天线这种发射系统中,波束波导其实就是几节大金属筒子,通常馈源天线做多大,它就应该有多大(图4-5)。这种系统其实就是利用了微波的准光学传播特性设计的。卡塞格伦天线其实也不是什么新鲜东西,如果你是一个喜欢探究细节的人,那就仔细观察一下汽车的远光灯,就会发现,那其实就是一个卡塞格伦天线。它包括光源、副反射镜和主反射镜,之所以这样做就是为了通过多次反射使光线更好地汇聚起来照得更远,微波发射也是这个道理。前面提到的天线增益其实就是它的聚光能力,基本道理就是天线越大增益就越大,微波发射就越远。

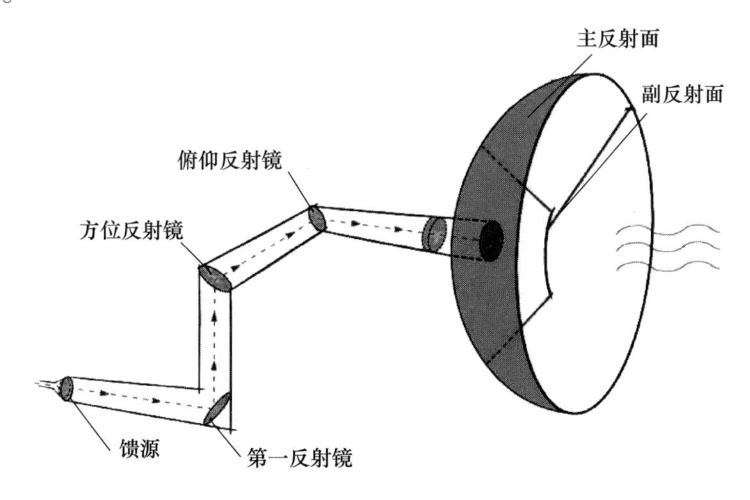


图4-5　波束波导+卡塞格伦天线示意图

馈源把高功率微波脉冲送进波束波导，一般要经过七拐八拐才能到达发射天线。微波传输的转弯在波束波导中是通过反射镜实现的。从馈源发射出来的微波到达第一反射镜时一般还是球面波，所以第一反射镜一般是凹面镜，把微波整成平面波发射出去。随后的反射镜一般都是平面镜，只是起到折射微波的作用。发射天线要瞄准目标，所以必须通过这种方法引入两维的旋转机构实现全方位扫描。

波束波导虽说很粗壮，但是也有功率容量问题。当传输微波功率足够大时，如果不做任何处理也将会引起内部空气击穿，前面讲过，干燥空气的击穿阈值通常在 30kV/cm 左右，如果传输高功率微波的电场超过这个阈值该怎么办呢？答案就是充气。

那需要充什么气呢？还是前面提到的六氟化硫($SF_6$)。六氟化硫气体通常是抑制气体高压击穿的第一选择，这种气体无色无味也无毒，在耐受高压击穿方面天赋异禀。同时，这种气体很重，而且也很贵。早些年装这种气体的瓶子上还被印上 4 个大字——“万元气体”，表明它身家贵，一瓶一万。说 $SF_6$ 气体很重很多人可能没有概念，这么说吧，有一次我为了节约馈源天线避穿气球里充上的 $SF_6$ 气体，想把那个直径为 1.5m 的气球拿起来放旁边，试了一下我居然一只手提不起来。$SF_6$ 气体常用来抑制高压和微波击穿，电力系统中现在常用的 GIS 变电站中的绝缘气体就是用这个。它在医学研究中也有用到，它可以像倒水一样倒进盛有小白鼠的敞口容器中，赶走比它轻的空气，从而模拟生物窒息而死的特征，这是不是很残忍？

既然波束波导要充气，那就必须设计成为密闭的结构，前面讲到还要旋转，所以就要用到旋转密封关节。这个没什么可讲的，就是个工程问题，让工程设计人员自己想办法去吧。

### 4.4.2 波导 + 波导旋转关节 + 偏馈反射面天线

普通偏馈反射面天线是一种切割抛物面天线,馈源作为辐射源放置在抛物面的焦点上,波束通过抛物面的一次反射形成平面波发射出去(图4-6)。这个道理中学数学课本中也讲过,就是抛物面焦点发出的光线被抛物面反射后成为平行光。

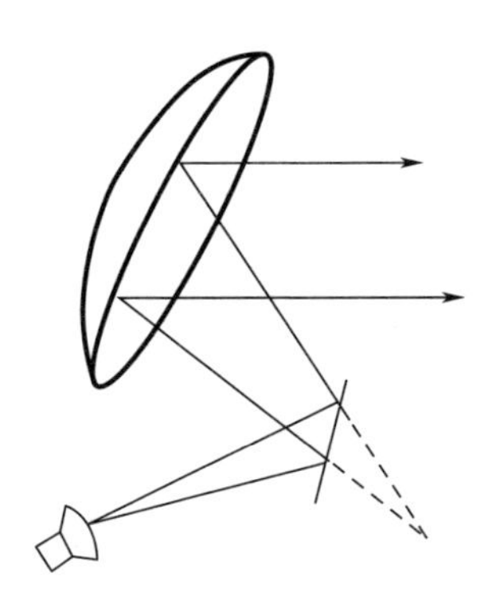

图4-6 偏馈反射面天线示意图

通常来讲,偏馈反射面天线的总体效率要高于卡式天线的效率,因为它没有波束波导折来折去的传输环节和副反射面,少了很多个中间环节,损耗肯定要小。但是偏馈反射面天线天生就是一个斜眼,一般人压根儿看不出来它的波束方向是朝哪儿,这种所见非所得的工作方式实在是不直观。还有,偏馈反射面天线的微波馈入一般采用的是馈源直接馈入法,所以馈源之前必须采用较长的传输波导和多个波导旋转关节。波导的长距离传输对于高功率微波来讲是个噩梦,它带来的损耗远比冷测条件下测到的大得多,个中原因不言而喻,深究起来其实还是由于场致发射电子发射诱发等离子体产生所致。此外,波导旋转关节的功率容量问题到目前为止好像也还没有得到彻底解决。综上所述,波导 + 波导旋转关节 + 偏馈反射面天线要实现应用也是困难重重。

### 4.4.3 功率分配器+无源相控阵天线

利用相控天线发射高功率微波是许多人的梦想,这些人包括业内人士和业外人士,说白了就是包括内行和外行,只不过内行相对理性一些,外行相对感性一些。

大家都知道,相控阵天线可以平板化、可以多波束、可以电扫描、可以多个合成,优点很多。但是任何事都不可能只有优点而没有缺点,当一个东西莫名其妙地哪儿哪儿都好时,一定要小心了,是不是有一个大缺点你没发现。

另外还有一个问题就是到底高功率微波系统需不需要相控阵天线来发射?前面讲了,相控阵天线可以实现波束快速电扫描,可以实现多目标打击,但是这个需要好好想一想,到底我们是否真正要这个。高功率微波系统对多目标需要那么快的扫描速度?3km外马赫数3掠飞目标的角速度还不到10°/s。此外,现在的高功率微波系统就那么点能量,集中起来搞一个都不见得能搞定,还要什么多目标?

虽然话是这么说,但既然那么多人对相控阵天线发射微波有兴趣,这里还是介绍一下相控天线发射高功率微波的3种可能形式,即无源空馈相控阵、无源强馈相控阵、有源相控阵。先说这个无源空馈相控阵(图4-7),这种结构中微波经由馈源天线以空间辐射的方式辐射到相控阵天线的各个单元中,调相和调幅工作由各个单元中的移相器和衰减器完成。1GW的高功率微波均匀地把它辐照在相控阵天线的各个单元上,如果有1000个单元,每个单元承受的功率就是1MW,是不是功率有点大?再说现在没有这么大功率的移相器和衰减器呀。那就把单元数增多,增加到100万个,这样每个单元承受功率变成1kW了,这个功率有点靠谱了,估计努力一下可以做出这么大功率的移相器和衰减器。可是目前常用移相器的差损实在是太大了,两三个分贝是好的,动不动都在四五个、五六个分贝,好不容易产生的微波功率在这儿就损失了一半多,你觉得划得来吗? 还有,馈源辐照不可能做到每个单元的接收功率幅度一致,通常还要用衰减器调幅,衰减器是只能调减不能增,这又要衰减掉不少功率。因此,实用化无源空馈相控阵的总体效率一般最高不超过 40%,要做到和卡式天线同样的增益,至少要大 20% 左右。

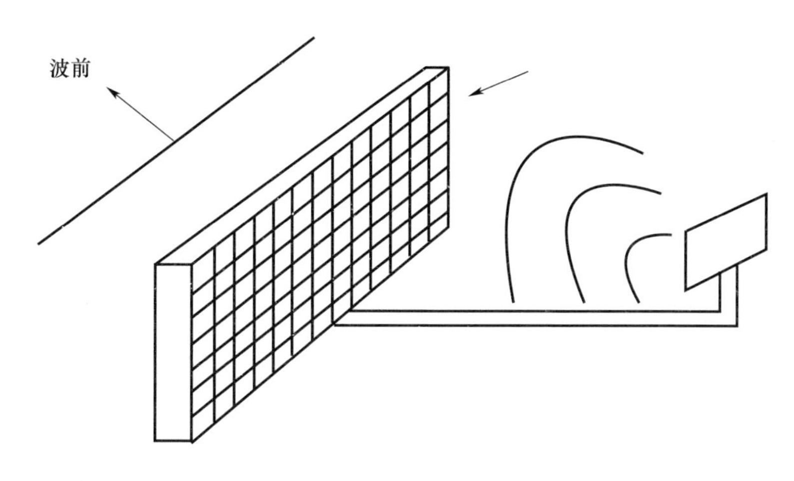


图 4 - 7　无源空馈相控阵天线

第二个来说无源强馈相控阵天线(图 4 - 8),把这种形式用于高功率微波发射的第一人是让我羡慕得五体投地的西南交通大学刘庆想教授。他通过一种设计巧妙的同轴径向线来实现馈入功率到各个相控阵单元的高效率馈电,号称馈电损耗很小,可以控制在 1dB 之内,天线单元为螺旋阵子天线。他这个不是严格意义上的电扫相控阵天线,扫描仍然是通过机械驱动单元天线改变相位实现。这个技术在低频段(L、S 波段)应该还好,但是在高频段可能会面临一系列问题,包括单元天线的功率容量、高效率的功率分配,系统的复杂性、可靠性、价格等。

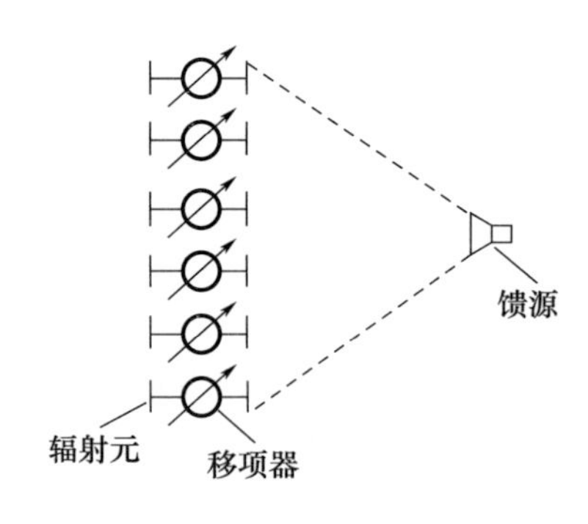


图 4－8　无源强馈相控阵天线

### 4.4.4　有源相控阵

未来还有一种可能的高功率微波产生及发射系统就是有源相控阵系统（图 4－9），这个系统中的单元采用的是半导体 TR 组件，它与有源相控阵雷达系统基本一样。把它的单元功率提升至较高的功率时，自然发射出来的就是高功率微波了。只不过是要先把微波产生单元小型化，做到千瓦级、万瓦级。美国的 THAAD 系统相控阵雷达单元做到了 25000 个，最大发射功率 400kW，日本住友公司也报道了 X 波段单个固态器件输出大于 300W 的结果，他们可能的结合会产生从量到质的变化，有可能会为高功率微波带来革命性的进步。

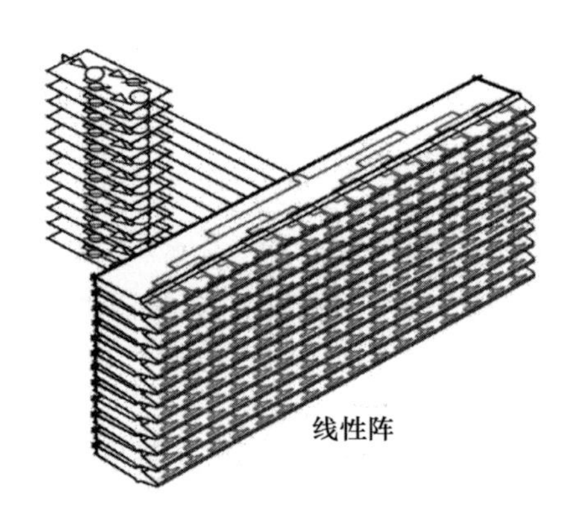


图 4－9　有源相控阵高功率微波

## 4.5　传输与发射中的合成

高功率微波合成近年来比较火爆,好像不提合成就是不合群,搞得好像不合成高功率微波,末日就要来了一样。其实大家不要着急,合成是要搞,但是怎么合成最好还不确定,着急没用。

高功率微波合成可以多种多样,包括功率合成、脉宽合成、重频合成、拍波合成等,不可一言而概之。而且,不是大家通常认为的合成就是要功率合成,而是哪种合成好用就用哪种,目标就是要好用,而不是为了合成而合成,方向必须明确无误。

上述的几种合成方式既可以在微波传输通道实现,也可以通过天线辐射场实现,可谓是方法多多,不一而足。这里先讲第一种合成方式——功率合成。

前面说了,功率合成就是指那种频率、相位、幅度全部一样的合成,这好像只有放大器能做到,所以做这种合成技术的人基本上都是做放大器类型高功率微波器件的人。高功率微波产生器件输出通道合成是一种显而易见的合成方法,至于最终能够实现几个微波源的高效率合成,前面也讲过,尚无定论。

当然了,也可以采用相控阵天线实现高功率微波的空间功率合成,甚至可以采用多个子阵合成实现大面积空间功率合成。这个概念听起来很厉害,可是对于高功率微波这种电长度短、功率又高的暴脾气微波脉冲,难道不知道短脉冲效应吗?难道不知道多台独立的高功率微波源的频率和相位严格控制几乎不可能吗?难道不知道相扫偏离主轴时的增益损失吗?难道不知道多台子阵合成难以实现机械扫描吗?难道不知道一味强调上功率会把大家逼入歧途吗?

脉宽合成和重频合成比较容易理解,就是把多个脉冲根据时间顺序发射出去,如果两个脉冲间隔时间很短,那就可以看作一个脉冲,这样可以起到增加脉宽的作用,这就叫脉宽合成。重频合成是把相同或不同重复频率的高功率微波脉冲混合在一起发射出去,至于怎么混合,也没什么严格规定。

还有一种拍波合成,就是把两种不同频率的微波脉冲叠加到一起,它会产生一个载频为$(f_1+f_2)/2$、幅度调制频率为$f_1-f_2$的微波脉冲(图4-10)。拍波有一个比较大的好处就是辐射的高功率微波脉冲上有一个调制频率为$f_1-f_2$的幅度调制,这对高功率微波效应来讲是一个福音。

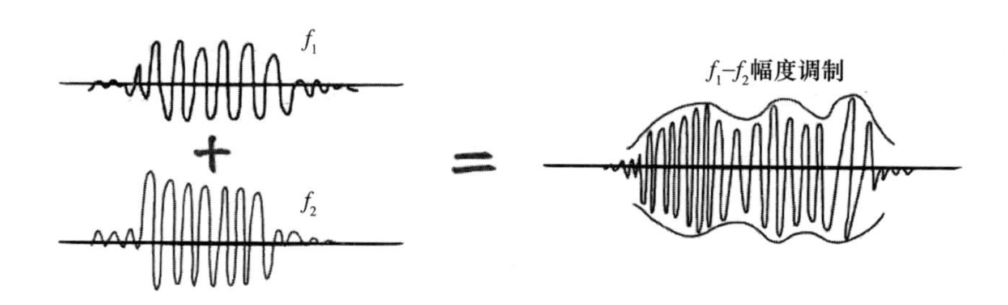


图4-10 拍波合成原理示意图

## 4.6 超宽谱 HPM 发射

发射超宽谱高功率微波必须使用特殊设计的专用天线,因为它包含的频谱成分太多了,和窄谱高功率微波天线发射这种如清汤丸子一样的微波相比超宽谱天线这口锅里盛的简直就是东北大烩菜。

众所周知,普通天线的设计通常是有一定带宽的,也就是说这种天线只对它设计带宽内的微波具有较高的辐射增益,对其他频率的微波增益将迅速下降,这称为天线的色散特性。因此,如果简单地利用普通天线发射超宽谱高功率微波脉冲,你将在远处测得一个压根儿不是超宽谱的脉冲,因为其他频率成分都被丢掉了。这可怎么办?

解决这个问题的办法就是采用新型天线,补偿超宽谱脉冲发射中的色散。其中想要发射远一些就用脉冲辐射天线(IRA)(图4－11),近一些一般用锥形TEM喇叭天线或是双锥形TEM喇叭天线(图4－12)。为什么我忍住不说天线的增益呢?那是因为超宽谱天线确实不知道应该怎么定义增益,这么宽的频谱范围,增益计算应以谁为中心频点?

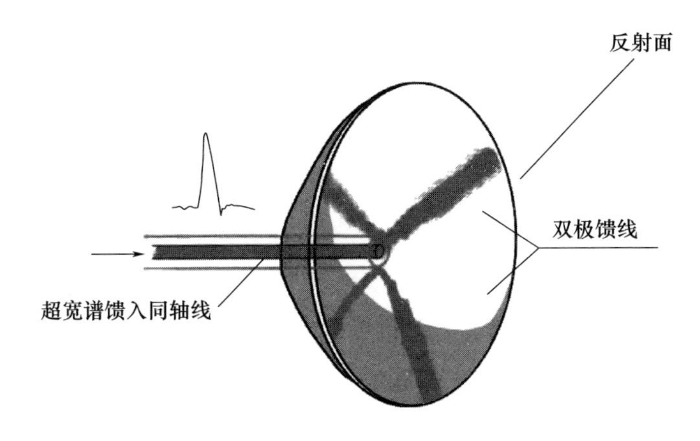


图4－11　IRA天线

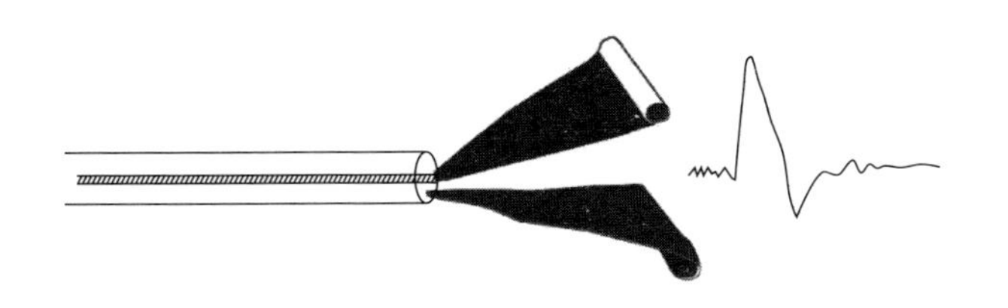

图4－12　锥形TEM喇叭天线

超宽谱天线的结构形式不像窄谱天线那样要么是一口锅,要么就是相控阵,结构单一。超宽谱天线外形都很奇怪,东长一条腿、西长一条腿的,不是那么规则,它们象征着超宽谱高功率微波从业者们不走寻常路的躁动内心。难道非得把天线做成这个样子吗?好像还真是,这样做的目的归纳起来其实就一个,在超宽谱脉冲被发射出去之前保证产生脉冲的频谱成分不损失地传输到天线口面。根据微波技术原理基础知识,我们想一想微波传输系统中什么传输线的带宽最宽?双导体结构的TEM传输线带宽最宽,从直流到无穷。所以无论采用什么结构,超宽谱辐射天线就是想办法用变形TEM传输线的形式把源产生的脉冲频率成分一个不落地变成平面波或准平面波发射出去。

锥形TEM喇叭天线或是双锥形TEM喇叭天线是把超宽谱源产生的脉冲从同轴线中逐步用两个渐张角度的变形平板传输线把波阻抗从脉冲形成时的约50 Ω转换为空气中的波阻抗377 Ω,高效率地发射出去。

脉冲辐射天线相对就好点,如果忽视那几个从馈源到锅边缘的带状传输线,它和窄谱高功率微波发射用的锅好像也差不多。这个天线的优点就是它可以实现超宽谱脉冲从馈源的球面波到空间平面波的高效率转换,因此需要作用的远处目标的超宽谱天线大都采用这种形式。

前面说了,超宽谱高功率微波天线一般不讲增益,那没特殊情况吗?别说,还真有。有人定义过超宽谱高功率微波的天线增益,$G=RE/V_s$,$R$是距离,$E$是该处的电场,$V_s$是源的电压。这个定义不常用,但是这里提到的$RE$值比较常用,它表示了一个超宽谱源的输出指标,类似于雷达的等效辐射功率。

# 第5章　高功率微波的产生过程能看见吗?

想要看到高功率微波器件中的微波场与电子束耦合以及产生的过程需要另辟蹊径,于是就发展出了一门相关技术称为数值模拟,换句话说就是数值仿真,说白了就是为了满足一部分人的好奇心。当然了,数值模拟可以帮我们快速优化高功率微波产生器件的设计参数,从而大大提高一个个新型器件的设计效率,它是造成近年来搞高功率微波产生器件研究人员越来越忙的推手之一。而且通过数值模拟的方法可以把那些云里雾里的理论公式变成我们可以瞬间看明白的直观图像或图表,加深对高功率微波产生器件中物理过程的认识和理解,总之是个好东西。

## 5.1　数值模拟技术概述

前面说过,数值模拟有的时候叫仿真,一般说来,仿倒是真在仿,真不真那要另说。数值模拟对于高功率微波产生器件研究来讲是个好东西,当你看到那些如梦如幻的所谓的理论模型时,一般人想破脑袋也想不出物理图像来,数值模拟就是帮助你把那些晦涩难懂的公式和理论变成图像或图表,让它们用直观的方式表露出来,不再藏着掖着。在有关电磁场与微波技术诸多数值模拟软件及方法的发展历程中,无源器件的电磁场模拟仿真已经日臻完美,它们可以给出大部分器件中的稳态电磁场分布特征以及动态短脉冲激励过程的直观图像,他们中的杰出代表软件是美国 Ansoft

公司的 HFSS 和德国 CST 公司的 MAFIA,每年在国内还搞几次专题研讨。当然还有其他很多,因为我至少听过 8 个国内大学的教授告诉过我可以对小至绣花针、大到万吨轮的精确电磁场模拟仿真。

对于高功率微波器件来说,数值模拟仿真过程的实现并不容易。高功率微波器件中涉及强流电子束与微波场的非线性互作用过程,这里面用的数值模拟是基于最基本的洛伦兹方程来求解这个过程,同时加入等离子体以及各种边界条件的影响,计算过程中不同的算法会带来数字噪声以及精度误差,对一些随机过程,比如说阴极发射电子的过程,还不能很好模拟,因此,数值模拟结果的判定目前还是基于经验和基本物理认识基础的。

适用于高功率微波产生器件数值模拟的软件有很多,国外知名的有美国 Mission 公司的 Magic 和俄罗斯 Tarakanov 编写的 Karat。近年来 MAFIA 软件团队也来凑热闹,在他们的软件中出了个叫作 Particle Studio 的粒子仿真模块,号称也可以做高功率微波器件模拟仿真。

国内的高功率微波产生器件数值模拟软件有两个:一个是电子科技大学物理电子学院数值模拟软件团队出品的 CHIPIC;另一个是西安交通大学电信学院出品的 UNIPIC。这两个是配方正宗、好用不要钱的良心之作。上述这些软件的核心算法都采用 Particle in Cell 的基础方法,所以统称为 PIC 粒子 - 场互作用模拟软件,至于它们所用的算法基本思想和核心算法思路,我不多讲了,对于实在是想追根刨底的人,还是去看那些专门讲 PIC 算法的书吧。

前些年,这几个用于高功率微波产生器件数值模拟仿真的软件中,美国的 Magic 可能是做得最好的。Magic 软件比较好的一点就是它的物理模型考虑得比较全面,输出图像界面好看,学起来也容易上手。

俄罗斯 Tarakanov 编写的 Karart 软件在 1997 年左右引进国内使用,软件工程化做得不好,界面也不友好,计算结果经常出现一些怪异且不可解释的现象。

下面讲国内的两个数值模拟软件 CHIPIC 和 UNIPIC。这两个软件应该算是双胞胎,几乎是同时规划、同时起步,方法不同但殊途同归。发展到现在是除了面相有异,其他的能力几乎是齐头并进。

## 5.2　CHIPIC

CHIPIC 最早由祝教授在做,后来把这一摊事儿留给了忠厚勤奋、聪明朴实的刘教授,CHIPIC 软件研发工作算是正式步入正轨,软件界面如图 5－1 所示。经过前面将近 10 年的努力,从 2.5D 发展到 3D,从单线程再到多线程到分布式计算能力的具备和提升,刘教授功不可没。现在 CHIPIC 软件功能已趋完善,大家用起来得心应手,很多年轻科研人员已经深深爱上了它。这起码说明它的研发是成功的。

图 5－1　CHIPIC 软件界面

## 5.3 UNIPIC

UNIPIC 这个软件原创度相对高一些,计算内核应是基于美国 U. C. Berkley 团队开发的 OOPIC 软件开放内核,加入了多种适合高功率微波产生器件模拟的边界物理模型以及等离子体模型(图 5-2)。软件开发的核心负责人是西安交通大学的李永东教授。永东教授也是一个聪明且努力的学者,惟日孜孜、无敢逸豫。

图 5-2 UNIPIC 软件界面

永东教授原本不是学计算机软件专业的,大学专业是物理电子技术,他能把 UNIPIC 软件做得如此好确实难能可贵。实际上从现有很多专业商用软件的发展历程来看,由纯粹学习软件的计算机系毕业生搞出来的真是不多,更多的是物理学家兼职做出来的,因为在这里面,物理建模和算法构建远比软件编程技巧要重要得多。

UNIPIC 软件这些年的研发紧盯需求且目标明确,针对高功率微波器件模拟仿真实际问题和特殊器件仿真需求,切合应用实际做工作。

# 第6章　高功率微波有什么用?

现代武器电子系统越来越先进,从冷兵器时代过渡到热兵器时代再到信息化作战时代,几乎没有哪个武器系统不带电子设备及系统,通常来讲,武器电子系统越先进、集成度越高,受到高功率微波攻击后越容易毁伤或失效,因此武器系统的智能化、信息化也为高功率微波武器的未来应用提供了良好的基础条件,正所谓是瞌睡犯困来个枕头、跑肚拉稀刚好有纸。

其实我们应该也是知道的,现代武器无论有多么厉害,但一定会存在它的短板,概因之世间万物不存在完美无缺,此所谓"阿喀琉斯之踵"。

言归正传,我们继续讲讲到底什么是高功率微波效应。说白了高功率微波效应就是高功率微波作用到一个电子系统上以后这个系统的反应。像你如果上班打游戏或是偷偷溜出去逛街被领导发现后骂你一顿一样,如果完事儿你依然我行我素,那就是没效应,如果过后变乖了,那便是有效应。

为什么前面一定提到是作用在电子系统上呢?那是因为如果这个系统中没有电子设备,像那些冷兵器,比如刀、枪、剑、戟、斧、钺、钩、叉之类的,高功率微波大抵是不管用的。高功率微波就是功率高一些的电磁场,它也只能毁伤那些具有电子设备的系统。如果一个系统没有电子设备,它也只能望而兴叹,像老虎吃刺猬,无从下口。

其实,高功率微波单脉冲携带能量很低,一般在几十到百焦耳量级,这又是一个什么概念呢? 实际上就是这个能量基本上连一只鹌鹑蛋都煮不熟。那么为什么我们又到处听到高功率微波作为武器应用会有很厉害的毁伤效果呢? 那是因为它把一个本不太大的能量集中到一段非常短的时间发射出去并作用到目标上,所以效果惊人。就像面部按摩和耳光,理论上讲,温柔的按摩 10 分钟所用的能量要远大于一个耳光的能量,但还是耳光的效果更让人刻骨铭心一些。高功率微波就是把通用微波这种温柔的按摩变成了响亮的耳光,它在电子系统中产生的是强场击穿效应和热刺激烧毁作用,从而使电子系统功能降级或失效。

## 6.1　高功率微波效应的分类

高功率微波效应的分类方法参考书上给出了很多,从不同的出发点给出了不同的分类,比如:从作用效果上分类为干扰、扰乱、降级和损坏;从效应的持续时间分类为瞬态效应、暂态效应和永久损伤;从作用机理上分类为场效应和热效应。高功率微波对目标产生作用的途径也不尽相同,对具有微波接收通道的目标产生作用称为“前门效应”,对没有微波接收通道的目标产生作用称为“后门效应”。

美国人曾经对机载雷达等系统开展过系统的高功率微波效应研究,给出了效应阈值及防护方法。雷达就是高功率微波前门效应瞄准的主要目标,雷达有发射就有接收,在接收微波回波信号时高功率微波脉冲也可以乘机溜进去,其较强的电场可引起接收机前端的低噪放、限幅器等器件的永久损伤,从而使目标系统整体功能降级或失效。当然,他们还做过其他很多具备微波接收机的电子系统的效应工作,由于高功率微波效应目标众多,因此不可穷举。

美国和俄罗斯科学家还对包括各类导弹以及作战飞机平台的目标开展了高功率微波后门效应研究,在这些系统中,高功率微波脉冲通过系统的孔缝和线缆耦合进入内部对电子器件产生作用,后门效应结果以干扰和扰乱为主。美国和俄罗斯已把此类结果推广应用至高功率微波武器的研发和应用中,这将在后续章节讲到。

## 6.2 高功率微波效应的特点

前面讲到了“前门效应”和“后门效应”,由于耦合通道不同,产生的效果一定也会不同。

“前门效应”中,高功率微波对目标系统中起作用的电子器件是确定的。由于耦合通道的确定性,微波接收系统中前级是限幅器就会损伤限幅器、前级是低噪放就会损伤低噪放,总之哪个在接收系统前端就损伤哪个。这个道理好理解,“木秀于林、风必摧之”,不能好事儿来了你露脸,坏事儿来了往后躲,你排前面露脸儿不先搞掉你搞谁去。不过有时候系统中排在后面的器件也会受牵连,那主要是排在前面的器件衰减值不够或者时间响应太慢,部分微波脉冲就泄漏到后端电路中,从而损伤后端器件。

由于“前门效应”的目标确定性,效应阈值也就比较容易确定,拿几个关键器件直接做个注入效应就能得到。这类数据每两年的EUROEM 或是 PPPS 等国际会议上能见到很多。

同时,也是由于“前门效应”的确定性,对前门效应的关键器件一般采用“注入法”进行微波效应研究。“注入法”就是把微波通过波导、同轴微波电缆或是微带线直接注入到易损器件中,逐步调节注入微波参数获取损坏阈值的效应试验方法。还有一种效应试验方法称为“辐照法”，顾名思义，就是把效应物放到微波场中辐照，看看到底有什么效果，这种方法常用于“后门效应”试验。

“后门效应”一般是指对一个系统的。电子系统通常比较复杂，外面通常还套个机箱，像人的衣服，当高功率微波辐照上去后会通过外部的线缆、机箱的孔缝耦合进入系统内部，到了电子系统内部以后电磁脉冲具体和哪个器件、哪个子系统发生互作用就不知道了，得看运气。效果不好的时候可能一个起作用的器件都没有，效果好的时候可能很多个子系统或者器件都会受到扰乱或损伤。我为什么说这个效应要靠运气呢？那是因为电子系统千差万别，谁也不知道哪个系统中都装了哪些东西，谁也不知道哪个系统是谁装的。

但是，“后门效应”难道因为这种系统间的差别就一定不靠谱吗？不是，“后门效应”一样靠谱。上述的系统间和相同系统不同个体之间的差别会导致微波效应阈值的范围大些，但还不至于不靠谱。比如“前门效应”阈值一般会有最大2倍的差别，而“后门效应”的阈值差别为3～5倍。其实这种精度就够了，工程应用不像中学数学那样追求绝对精确，一就是一、二就是二，工程上一般只要在预估的范围内就可以。

通常情况下，前门效应阈值一般会比后门效应阈值低一些。高功率微波脉冲对一个系统起作用是综合的，当功率足够强时可能这两种效应同时存在，这需要具体问题具体分析。

总之，高功率微波效应是一个复杂的试验物理学科，是物理学和统计学的结合，有些人不理解，说高功率微波的效应工作也太不严谨了，效应阈值一会儿是一百五，一会儿又是二百的。搞效应的人已经够难了，他们是在纷繁芜杂的海量数据中寻找那种定性或基本定量的规律，难道你非要逼着他们造假吗？

## 6.3 电子系统高功率微波效应机理

为了让人明白高功率微波对电子系统效应的机理,做这行研究的人煞费苦心,这样解释,那样解释,伤了无数的脑筋,就这样很多人还就是不明白这个高功率微波到底是怎么使电子系统损伤或是扰乱的。

高功率微波对电子系统的效应现象主要表现在系统功能降级或失效,作用机理包括强场击穿效应和热刺激烧毁两种,当然了,有的时候是一种,有的时候是两种效应综合导致了最终效果。它区别于传统热兵器时代那种暴风骤雨摧毁式的硬损伤,把目标打得稀巴烂;也同时区别于电子干扰那种软对抗。高功率微波对电子系统的毁伤相对于传统火力打击武器而言是一种软对抗,相当于武林高手不动声色对抗中使用的内功,而不是拳脚相加;相对于电子干扰来讲它又是一种硬对抗。

高功率微波的强场击穿和热刺激烧毁主要发生在构成电子器件的基本材料半导体 PN 结上,一般来说,如果一个电子器件被高功率微波损伤了,从表面上看好像没有什么变化,只是内部的部分半导体 PN 结已经损伤,不能再实现预设的功能,相当于内伤。通常来讲,半导体 PN 结的击穿电压从几伏到几百伏不等,它的击穿电压与半导体材料的性质、掺杂浓度以及工艺过程等因素相关。PN 结的击穿从机理上可分为雪崩击穿、隧道击穿和热击穿。雪崩击穿是指在外加电压超过 PN 结反向击穿电压后,PN 结反向电流将一发不可收拾地增大,像雪崩一样,最终导致 PN 结中电子、空穴通道物理烧毁,所以称为雪崩击穿。隧道击穿是指在半导体 PN 结上施加反向电压将会压缩导带和价带的电压间隙,以至于电子可以由 P 区的价带直接穿越到 N 区的导带,看起来电子根本就没有去爬导带和价带之间隔离的那座山，找了一个隧道钻过去了，所以称为隧道击穿。雪崩击穿和隧道击穿如果击穿电压不高且持续时间较短时一般不是破坏性的，此时如果立即降低反向电压，PN 结的性能可以恢复。但是，如果不马上降低电压或是本身外加击穿电压就很高，PN 结就会受到损伤。

还有一种情况是热击穿，就是 PN 结上施加反向电压或较高的正向电压时，比如耦合高功率微波脉冲时，由于脉冲时间较短（时间尺度大约为几十纳秒），对 PN 的加热几乎是一个绝热的过程，将会使结温瞬间升高，结温升高将导致反向电流增大，如此多次反复循环，最后使 PN 结发生热积累损伤。这种由于 PN 结热不稳定性引起的击穿称为热电击穿或热击穿，此类击穿导致的 PN 结损伤是永久性的。

总之，高功率微波对电子系统的毁伤效应完全集中在对电子系统中的半导体器件上，在半导体器件上的毁伤点又集中在半导体 PN 结上。由于高功率微波单脉冲的能量较小，所以对大部分半导体器件的毁伤也是一种渐进式的损伤，可能会随脉冲数的增加不断加重。但是无论如何，基本上不太可能看到高功率微波损伤后的电子系统会被烧得像一只烤红薯，它没有那么大的功率。大部分情况下它只会让损伤后的电子器件像一个坏掉的西瓜，表面看起来光鲜亮丽，切开发现里面已经坏掉了。

总之，高功率微波系统在未来的应用中的职能定位完全区别于传统的火力对抗和电子干扰，它不会取代火力对抗的硬摧毁，但是将会发挥一种点穴式的重要补充作用。

## 6.4　高功率微波生物效应

高功率微波对电子系统有效应，按道理说也应该对生物体有一定的效应。这么说的基本依据是因为高功率微波单脉冲能量实在是有点小,生物体除非是直接蹲在那个发射天线锅里面,通常来讲,离开一段距离或是稍微偏离微波辐射主瓣,能耦合到个体上的能量将变得微不足道,因此可能不足以对生物体产生影响。但是,实际上是不是这样呢?

前面说过,高功率微波对电子系统的效应包括热效应和场效应,其实对生物体也包含这两种效应。对一个生物大体来讲,比如人,要想通过高功率微波脉冲把它加热到可以损伤的程度,确实还比较困难。因为通常的高功率微波系统平均发射功率一般也就不超过10kW,一般最多只能接收到几瓦到几百瓦级的持续时间并不太长的微波辐射,这并不致命,它大约和到电视发射塔附近观光游览时受到的平均辐射功率差不多。

微波对生物体的加热效应就是微波炉的工作原理,生物体含水量较高的部位受到微波辐照时加热效应最显著,所以损伤最大。

通用微波对生物体的加热效应会导致短期与预后效应,这包括生理以及病理反应。该方面的研究结果非常多,美国和俄罗斯已经制定了相应的军用标准。但是,高功率微波对生物体的纯粹加热效应研究结果报道不是太多,远不如通用微波对生物体的加热效应研究和操作指导手册多。其实,严格说来高功率微波对生物体的加热效应是一个瞬态加热过程,它和通用微波的缓慢加热过程的效应机理应该是有很大区别的。可是到底这种区别是什么、规律是什么仍有待于后续研究。

高功率微波对生物体的另一个效应就是强场效应。到现在为止,分子生物学研究也没有说清楚神经信号传递是依赖生物电信号还是生物电信号仅仅是神经传递信号时的副产品,这就像飞机从天空飞过会有声音,但是你听到此类声音时不一定都是飞机飞过。对于生物体来讲,信息传递是个慢过程,微波信号传输及电场变化是个极快的过程,它们之间的关系我认为是鸡同鸭讲,至于是否可以产生有效的耦合值得商榷。

但这并不是说微波信号对生物体除加热效应之外就再无其他效应,从分子生物学的层面上讲,强的电场存在将影响生物体神经元之间执行信息传递的离子通道开启及关闭,从而影响生物体的行为特征。高功率微波是一种超强的短脉冲电磁波,在如此短的时间内的强电场对生物体内离子运动的影响会有多大,生物体是否会像一个电子系统一样自然滤掉带外高频信号,这些问题仍然不是非常明确。

无论是高功率微波还是通用微波,它们导致的生物效应实际上同时包含热效应及场效应,这种综合效应体现在宏观特征上将是生物器官的应激反应和神经应激反应。目前的研究基本都集中在现象规律研究上,有关效应机理研究的结果报道并不多见。我也知道生物医学研究是很难的,它不像普通物理研究可以精确定量,他们的研究大部分时间靠统计和定性,但我还是希望此类研究能够追根及里,告诉我们到底对人有没有影响,如果有,为什么?因此,高功率微波生物效应认识的深入还需要从事基础医学研究的科学家们进一步努力,为我们拨云见日。

## 6.5　高功率微波防护

既然有高功率微波效应,那就有高功率微波防护。高功率微波怎么防护呢? 有人说,这太好办了,拿个金属罩子罩上不就行了。这个说法还真对!

任何东西用金属罩子罩上是一定能保证高功率微波进不去的,可是很多东西它不能用罩子罩上呀,它还要工作呀,它要工作就必须要留有与外界交流信息的通道,要不然就一铁疙瘩,有什么用?

所以高功率微波防护不能一罩了之,总得想点聪明的办法。什么叫聪明的办法?那就是要从根源上解决这个问题。前面讲,高功率微波与系统的作用途径分两种,所以想办法切断或阻碍它的耦合途径不就挺好的嘛。阻断“前门效应”的利器一般就是限幅器或者是AGC电路,半导体限幅器目前的耐受功率水平愈来愈高,个头又小,很多系统都用它。但是限幅器不是万能的,通过功率提升以及波形优化,高功率微波对限幅器的损伤效果也是越来越好,所以高功率微波的攻击及防护将是一个此消彼长的共同进步过程。

阻断“后门效应”的方法不外乎两点:一是线缆加屏蔽;二是机箱加屏蔽。这两种屏蔽措施都可以大大减小高功率微波脉冲耦合进入系统的脉冲强度,从而提高系统的扰乱阈值。还是那句话,屏蔽有用,但不是万能的,但不屏蔽是万万不能的。

高功率微波效应与防护是攻防双方的一场有关战斗力和智商的博弈,这场斗争没有胜利者或是失败者,大家将会在斗争中成长,走向未来。任何一方都需要战胜那些对手带来的源自心底的恐惧,战胜自己心灵深处曾有的退缩和软弱,勇敢面对未知的明天。

# 第7章　怎么测量高功率微波?

中医看病讲究的是望、闻、问、切,其实也就是测量人这个复杂系统的宏观参数状态,后来西医加入了测血压、测微量元素、做心电图外加核磁共振等微观参数和图像的测量方法,完善了人体总体参数测量的系统性。对高功率微波系统状态以及基本性能的随时了解也必须要靠准确、完备的参数测量来反映,既要有宏观参数测量,也要有微观参数测量,因此高功率微波参数测量非常重要,不然那么大个头一个东西好不好使细节都不知道那咋能行。

通用微波测量是一门成熟的技术,由此衍生出了一系列规范的测量方法、测量装置和测量标准,并养活了一批从事测量及标准工作的人。可是由于高功率微波的天生不羁,过高的功率和过短的脉冲宽度使得这些通用微波的测量方法、装置及标准变得不再适用,从而又造就了高功率微波测量这个行当,未来也将有一批专业的技术人员从事这方面的工作,并以此为生。

## 7.1　需要测量的参数

高功率微波系统中,我们关心的不仅仅是等效辐射功率、频率、脉宽等这些宏观参数,还关心电子束二极管电压、电流、高功率微波器件输出功率、束波转换效率、带宽等细节参数,并从这些细节参数上判断系统工作状态的可靠性和稳定性。

上述这些参数中一部分是分系统参数,另一部分是总体参数。为了防止描述过于繁琐让人失去兴趣,我把一些相对重要的分系统参数和总体参数列出来让大家大致了解一个高功率微波系统需要开展哪些参数的测量工作,并对测量这些参数的意义稍作说明。

### 7.1.1 脉冲功率驱动源及电子束二极管参数

首先来讲第一个分系统——脉冲功率驱动源分系统的关键参数。这些关键参数包括脉冲形成线电压、电子束二极管电压、电子束二极管电流,当然还有其他的,我觉得那些不重要,所以不讲了。有人会问,前面不还信誓旦旦维护电子束二极管与高功率微波器件之间神圣不可分割的血肉联系吗?怎么到这儿就又把它放在脉冲功率驱动源参数测量里面了。

把二极管电压、电流放到脉冲功率驱动源测量中主要是因为这两个参数测量一直是搞脉冲功率技术的人做的,而且与脉冲功率驱动源其他部分的参数测量方法相近,所以就归入驱动源参数测量了。

脉冲功率驱动源的脉冲形成线电压间接标志着驱动源的输出功率水平,同时还从其波形可以判断出驱动源前级充电过程以及气体开关放电过程是否正常,是驱动源分系统的健康表征指数。

电子束二极管电压与形成线充电电压、气体开关状态以及负载工作阻抗有关,它表示作为负载的高功率微波器件的工作电压,也就是电子束的加速电压。

电子束二极管电流与作为负载的高功率微波器件的工作阻抗相关,是表征高功率微波器件工作电流的基本参数。需要说明的是,有的高功率微波产生器件二极管电流不完全等于高功率微波器件工作电流,因为会有一部分束流在穿过微波器件之前损失掉。

二极管电压与电流的乘积就是脉冲功率驱动源的输出功率,前面讲过,负载匹配时脉冲功率驱动源输出功率最高,不匹配输出就要小点,关系也不大。

### 7.1.2　高功率微波产生器件参数

高功率微波系统中的第二重要分系统就是高功率微波产生器件。高功率微波产生器件的主要参数包括工作频率、输出功率、脉冲宽度、瞬时带宽,其他不重要就不介绍了。

这里说的输出功率就是指高功率微波器件的输出微波功率,听起来好像没什么,但是这个测量起来相当麻烦,而且基本上测不太准,因素有很多,下面讲测量方法时再具体介绍。

工作频率是指高功率微波产生器件输出微波的中心频率。高功率微波器件一般是窄带器件,瞬时带宽一般不会超过50MHz,而且一旦设计好了工作频率就固定了,不能进行调谐。那些所谓能产生高功率微波的放大器是指它的输出微波频率和相位能够做到与输入基本相关,但是它们做不到像通用微波器件一样可以进行宽带调谐,而且在小范围内的调谐是以牺牲微波产生效率为代价的。

瞬时带宽这个概念不单用于高功率微波,其他的微波脉冲同样适用,只不过在高功率微波系统中,微波一般是窄脉冲,所以评价脉冲载频频谱特征的瞬时带宽非常有用。这个参数是二次转换参数,一般由直接测量到微波脉冲做快速傅里叶变换得到,它的测量不直接,但是很有用,尤其是对高功率微波效应来讲。

脉冲宽度是指高功率微波脉冲的持续时间,通常指的是半高宽,通俗一点就是输出微波最大值的一半对应的时间宽度。

### 7.1.3 传输与发射系统参数

高功率微波系统第三大分系统为高功率微波传输与发射分系统,通常它包括馈源、传输波导、发射天线等主要子系统,因此我们关心的参数主要包括这几个主要子系统的关键参数。其中归纳起来主要有7个相对比较重要的参数,包括馈源驻波比、馈源方向图、波导传输损耗、发射天线增益、发射天线方向图、传输与发射效率、等效辐射功率,有关它们代表的意义下面介绍。

馈源驻波比(反射系数的倒数)这个参数并不新鲜,通用微波技术中也常用,它反映了馈源天线由于波阻抗不匹配性导致的微波反射率。为什么要关注这个参数呢,那是因为如果馈源天线设计得不好,反射系数过大,那么被反射的微波脉冲就会进入微波产生器件,对微波器件的束波互作用过程形成干扰或导致束波互作用机制崩溃。

一个微波发射系统可以把它类比为一个霰弹枪一样的东西,馈源方向图类似于一个霰弹枪打出去的小弹丸在空间的分布。这个参数对于高功率微波之所以重要,是因为它关乎两个方面:一是馈源方向图反映其作为一个发射系统的馈入装置,它的远近辐射场分布是否满足照射角以及均匀性等要求;二是馈源方向图热测结果的球面积分值是高功率微波源输出功率值的终极判断条件。

波导传输损耗。高功率微波传输条件下波导损耗一直是高功率微波技术中的一个梗,冷测与热测结果从未相同过。个中缘由大家应该是明白的,无非又是赖到等离子体的头上,说是波导壁场致发射、气体脱附电离、等离子体产生及扩散导致高功率微波传输条件下损耗的增加。但是传输波导中等离子体实际产生及扩散是个复杂的综合过程,谁也没有准确、细致的试验测试给出的直观表征结果,这个过程是基于物理认识的意识流图像,只可显现于数值仿真软件给出的直观画面中,真实图像还没人见过。

发射天线增益对于具备微波技术基础的人来说应该也是一个烂熟于心的概念,在高功率微波中再次提起那是因为这里会遇到短脉冲效应。短脉冲效应是指当天线辐射一个短电磁波脉冲时,中心部位束与边缘部位发射到空间某个点上的波束走过的路径差将有可能超过脉冲电长度。此时,天线系统短脉冲效应将显现,由于波束反射不能有效干涉叠加的原因,偏离天线主轴方向的增益将急剧下降。

发射天线方向图与通用微波中的天线增益定义相同。天线的辐射方向图与口面大小、口面效率等参数相关,是一个对高功率微波系统总体非常重要的参数。但是,同样要注意,短脉冲效应会导致高功率微波辐射方向图与连续波测试获得的方向图的不同,到底不同有多少,那要看脉冲短到多少,简而言之就是脉冲越短差别越大。

传输与发射效率包含了系统馈电、传输以及天线发射的综合效率,表征传输与发射系统的总体效率。这个概念在通用微波系统中一般大家都不太关心,因为通用微波要么是用来做通信,要么就是做雷达,系统的发射功率和接收灵敏度冗余量做得非常大,少则十分贝,多则二十多分贝,系统效率高点低点也就是几分贝的差别,关系不大。

而高功率微波系统的需求可不一样,它在系统设计时必须考虑尽可能减小一切中间传输环节的损耗,追求把最大的产生功率辐射出去。也可以这么说,任何一点传输环节的损失都会被视为对高功率微波产生环节研究人员辛勤劳动的极大不尊重,所以别说是损失几个分贝,就是损失超过一个分贝都会有人找你拼命的。其实想想也应该理解,做高功率微波器件研究的人太难了,现在单个器件基本已经达到物理极限,合成还不是特别有谱儿。可是,现在即使提高个百分之二三的输出功率和效率都需要经年累月的努力,要是再把它损耗在传输环节能不心疼吗?

等效辐射功率是反映高功率微波系统总体性能的参数,它是微波源产生功率再加上辐射天线增益给出来的一个二次表征参数,不能直接测量,需要由其他参数测量值推算得到,通常是由天线辐射远场主轴上某点的功率密度乘以以天线辐射相心为圆心的球面表面积,得到的值一般情况下是个天文数字。

等效辐射功率这个参数反映了高功率微波系统的基本能力,它类似于原来大家玩的《三国志》游戏中角色的武力值,这个值不包含智力、政治、战法等其他一些更关键的需要动脑的东西,比如吕布,武力值100,智力值只有26。

这个概念在雷达中也用,只不过在雷达系统中不是一个关键参数,因为雷达系统的功率裕度设计得都很大,所以这个数值多点少点关系不大。要问为什么雷达系统的功率裕度设计得这么大?不知道费电吗?我想这主要原因是如果要保证雷达的探测威力,从其他方面入手来解决问题太困难了,绞尽脑汁还不一定能做到,所以软件不行硬件补,就把发射功率做得足足的,因为这不用动脑子,而且还可以在系统交货验收的时候当挡箭牌。

## 7.2 高功率微波系统参数的测量

前面讲了高功率微波系统的3个分系统的关键参数及其概念及意义,下面重点要介绍一下这些参数到底怎么测量,看看它们测量用到的方法是否与通用微波测量方法一致,测量中需要重点关注哪些问题,从而避免新入行的同学养成不爱思考、随手就上的坏习惯。如果是这样的话最终可能什么都得不到。

### 7.2.1　脉冲功率驱动源及电子束二极管参数测量

有关脉冲功率驱动源及电子束二极管重点关注 3 个参数,即脉冲形成线电压、电子束二极管电压、电子束二极管电流。这些参数的测量技术实际上是属于脉冲功率技术这个学科的。

脉冲形成线电压测量一般用的装置称为电容分压器,这个东西主要用于脉冲高电压的测量。它的基本原理就是在同轴线内导体到外导体连上两个串联的小电容,当电容的充电时间常数与形成线的充电时间相当时,根据电路原理,两个电容上的电压相加等于形成线电压,两个电容上的电压比反比于电容的容量。其实说白了就是一个分压测量的范例,就是把高电压按固定比例分压,测量低电压,再乘以分压比,得到高电压。常用结构见图 7 – 1,其实很简单的。

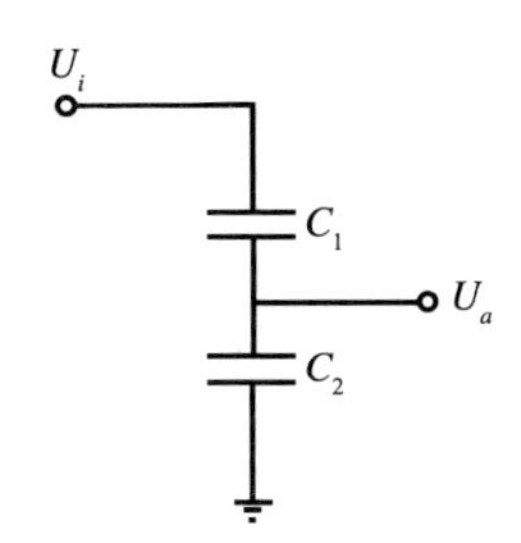


图 7 – 1　电容分压器电路原理

这里需要强调的就是,电容分压器不是随便剪一个铜片片贴到形成线里面就可以,这个还是要计算一下的,要想测得的电压波形与实际形成电压波形一致,强调一下,需要满足电容分压器的充电时间常数与形成线的充电时间接近这个条件,不然你将会得到一个实际电压波形的微分波形或是积分波形。

电子束二极管电压测量与形成线电压测量其实采用同样的方法,只不过为了使测点尽量接近二极管输出端,更好地反映微波产生器件的工作电压,所以电子束二极管电压测量用的电容分压器一般放在二极管末端的真空系统中,当然也有放在脉冲传输线末端的。还要强调一下,因为电子束脉冲宽度一般为几十到百纳秒,所以二极管电容分压器的时间常数要比形成线电容分压器的时间常数(几十微秒)小得多。

强流电子束二极管电流测量常用方法有两种,就是罗戈夫斯基(Rogowski Coil)线圈测量法和分流器测量法。

根据高中学到的法拉第电磁感应定律,电流流过时会在周围产生磁场,变化的磁场会在环形的线圈上感应出电场,并在线圈末端小电阻或者等效电阻上形成感应电压。由于第一个感应过程是电流信号的微分,所以测量电路要用积分电路把测得的信号变回与电流信号形状一致。其基本构型见图7-2。要用这个东西测量电流也不是随便哪一个都行,它也是很挑剔的。要根据所要测量的电流信号的快慢来选择合适时间常数的罗戈夫斯基线圈。否则测量得到的信号肯定和真实信号是不一致的。

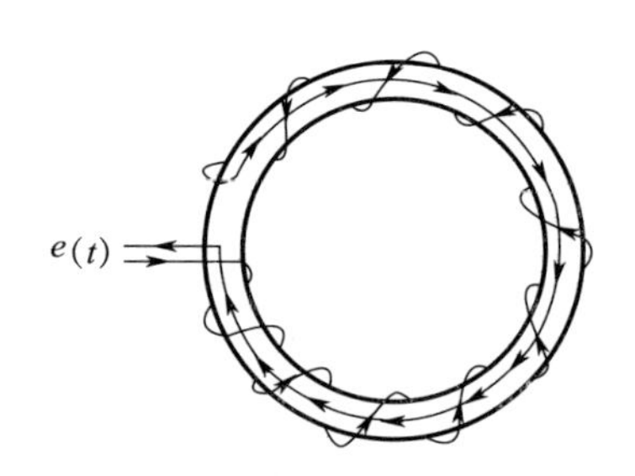


图7-2　罗戈夫斯基线圈原理示意图

第二种测这种大电流的方法称为分流器测量法,这种方法很基础。它就是在电子束大电流回路上焊上去一圈并联的小电阻,然后测量小电阻上的电压来反映电流(图7-3)。这种方法现在用的人已经不多了。

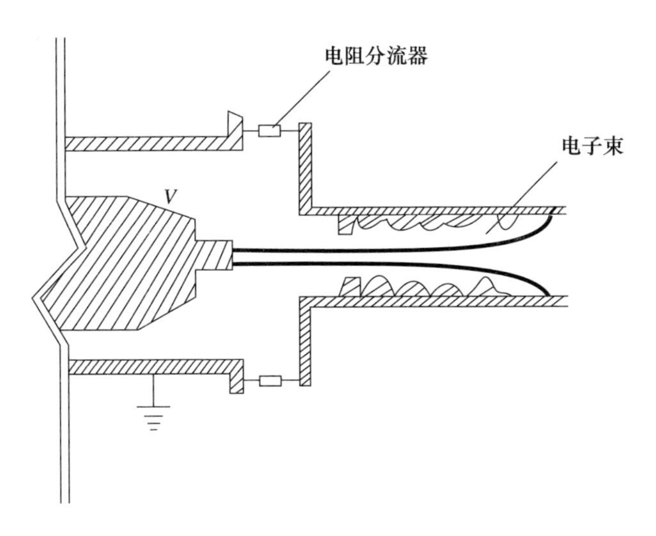


图 7－3　分流器示意图

## 7.2.2　高功率微波产生系统参数测量

7.2.2.1　功率测量

高功率微波产生系统参数测量中先讲微波输出功率测量,为什么呢? 那是因为大家现在都关心这个。现在的社会是浮躁的,也让一些研究人员染上了这种浮躁的价值观,功率大了就好,别的都可以忽略。其实高功率微波参数中,很多时候并不是功率越大越好,有一个最合适的参数配合也可能是最好的。

高功率微波功率测量有两种方法:在线测量法及辐射场积分法。那为什么一定要用两种方法测量高功率微波的功率,能不能简单点、直接点? 在线功率测量的方法主要是为了高功率微波系统的应用方便搞出来的,要不然辐射场功率积分的方法是要把所有的测量探头都摆在辐射天线前面,那这个系统也就没法儿用了。

(1)在线测量法。

由于传输波导中传输的高功率微波功率很大,要是直接测量的话哪个测量系统都受不了。在线测量的主要技术思路就是把这个大信号耦合出来一点点,用测量这个小的微波信号来代替直接测量大信号。把小信号耦合出来的方法有很多,比如电耦合、磁耦合、孔缝耦合。早期的小信号耦合在线测量探索过采用磁耦合的方法,这种想法很好,就是利用一个封闭的小线圈来耦合波导中传输模式的边缘磁场,然后测量变化磁场激励起的电信号,但是很快宣告这种方法压根儿就不行。因为波导中传播的是行波状态的电磁波,根本不可能只耦合磁场信号出去而不耦合电场信号,最终导致由于无法区分磁耦合与电场耦合两种效应而夭折。

第二种耦合方式是电场耦合,这个好办,把一个探针放到波导壁附近,一定会耦合出微波信号来的。但是,问题来了,微波功率低一些没问题,当传输的是高功率微波脉冲的时候,探针端部电场就会变得很强,场增强因子最高可以达到 $10^6$ 倍,就会产生尖端放电,此时在低功率下标定的耦合系数就和高功率下应用时实际的耦合系数不一样了,就是说这个测量系统不是线性的了。按理说不是线性的测量系统也能用,但是这儿的问题是这个非线性是由于电场放电引起的,压根儿就没确定的规律,它是直接由线性过渡到了任性,谁也没办法给出理论或经验公式,因此这个方法也逐步被放弃了。

孔缝耦合在通用微波传输器件中用得比较广泛,大家通常能够看到的那些像吕布的惯用兵器方天画戟一样的波导定向耦合器就是利用小孔或者缝隙耦合的方式进行功率耦合分配的(图7-4),这门技术虽古老,但是好使用。由此说来,三国时期的武器科学在现代武器科研中依然焕发着青春,所以说智慧不会老去,技术永远年轻,那些消失在历史长河中的只有微不足道的人,唯有科学不朽。

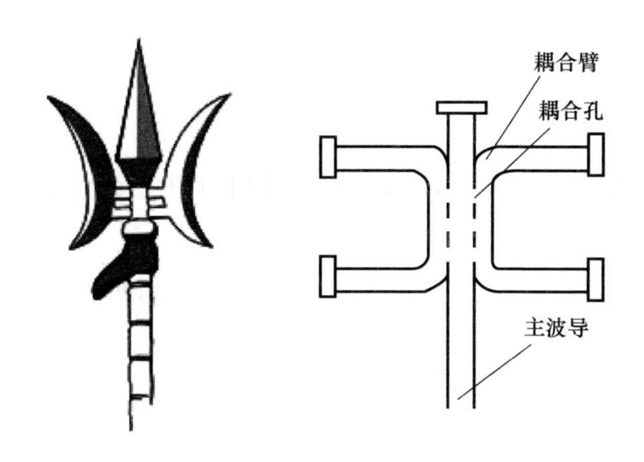


图 7-4　方天画戟和波导定向耦合器示意图

高功率微波的传输波导通常都是圆波导,原因说过了,不再赘述。在圆波导上开孔耦合高功率微波出来也不是很随便的,孔或缝的间距和大小的选择很重要,它们和波导传输模式相关,也和频率相关。此外,还要注意的是,为了避免孔或缝的边缘击穿,最好做一下平滑处理。但是,即使这样,这种耦合测量的方法还是很难做到精确测量,第一个原因是高功率微波传输与耦合诱发的不可避免的孔缝击穿问题,第二个是由于从耦合到最终的测量器件之间的衰减环节高达五六十分贝,需要多次衰减才能达到测量所需幅度,在标定环节中稍有随意或者松动就会导致一两分贝的误差,这对通信系统来讲并不重要,但是对于高功率微波这种锱铢必较的系统来讲是不能接受的,随随便便百分之一二十的误差实在是有点太大了。但是,好不好也只能这样了,没有别的可选方法。因此,高功率微波在线测量的不确定度基本上在一两分贝范围内,虽说不满意,但也只能凑合用。

既然讲到这儿了,还要说一说高功率微波功率测量系统的构成问题。功率测量系统的一般构成见图 7-5。从测量系统耦合出微波信号到最终从示波器上看到微波信号的包络,那是历经千辛万苦。前面讲过,孔缝耦合法耦合出的微波信号也比较大,一般大约在几十千瓦到百千瓦量级,需要衰减 50 ~ 60dB 后才能进到检波器。通常来讲不会用衰减量比较大的衰减器做第一级衰减,那样的话压力就都放到这个衰减器上了,它容易受不了。所以一般采用多级渐进式衰减,最后获得合适的信号幅度送到检波器中。检波器的输入微波幅度一般为毫瓦量级,输出检波脉冲一般是几十毫伏到百毫伏量级,具体多大值对应多大输入,要看灵敏度标定曲线。

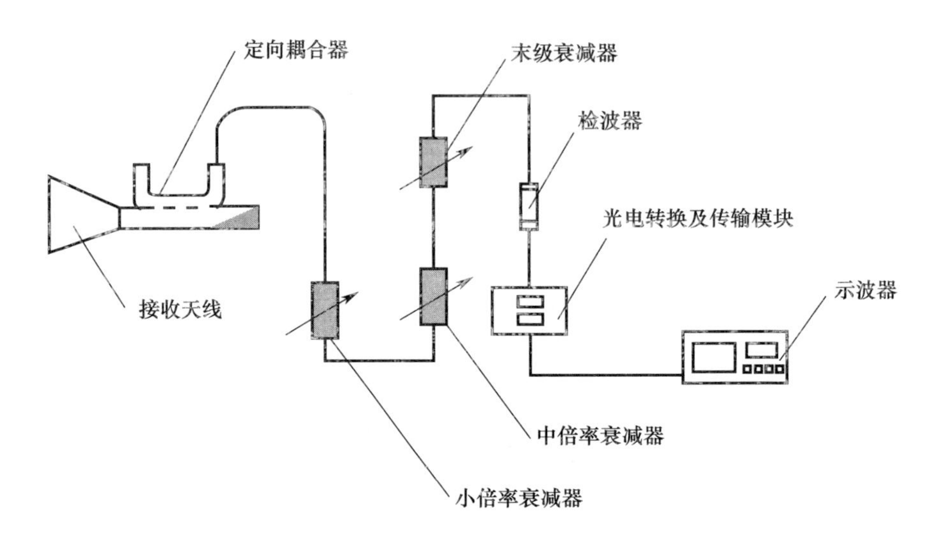


图 7 – 5　高功率微波功率测量系统构成示意图

(2)辐射场积分法。

高功率微波输出功率测量还有一个常用的方法就是辐射场积分法,这个方法其实就是把测量探头按照覆盖主要辐射区域的原则放到高功率微波辐射场中,把在不同位置测量到的微波功率密度和对应的圆台表面积进行积分,最后获得辐射功率,示意图见图 7 –6。测量装置一般由小增益接收天线 + 定向耦合器 + 微波电缆 + 衰减器 + 检波器构成,至于为什么是这种构成形式,实际做过试验就会知道,这样最好用。

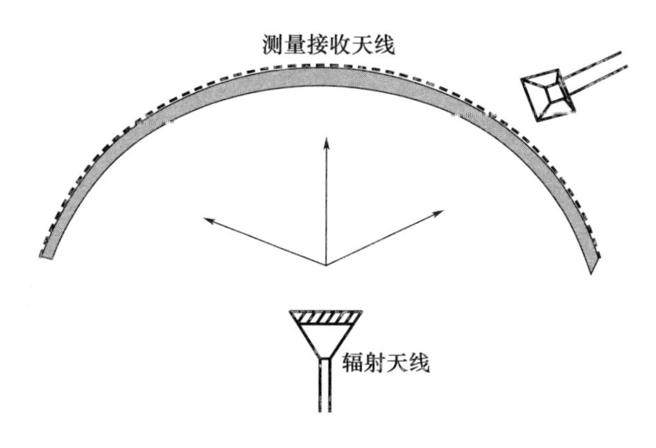


图 7-6　辐射场积分法功率测量示意图

这种方法从原理上讲测得的是辐射高功率微波的保守值,但是立足点是辐射场为圆周对称分布,如果不是的话测量结果将有失偏颇。这种测量方法的运用可以采用两种方式,即采用单一测量探头沿以辐射喇叭相心为圆心的圆周移动多次脉冲测量后积分获得结果和一次布设多个探头单个脉冲即可获得积分结果。为什么又有两种方法呢? 从理性的观点来看,前一种适合输出微波稳定的高功率微波产生器件用,后一种适合不稳定的。

7.2.2.2　脉宽测量

高功率微波脉宽是指半高宽,这个定义前面说过了。这个参数通常由微波检波脉冲宽度直接测量得到,但是这个方法不是非常严格,因为肖特基二极管微波检波器输出脉冲幅度和输入微波脉冲功率通常不是线性的,因此会导致一定的误差,不过差别也不大,也就不深究了。

7.2.2.3　能量测量

高功率微波能量测量十分考验研究人员耐心。由于高功率微波单脉冲能量通常不大,在几十到百焦耳范围内。这么说很多人可能没有概念,打个比方,你把一杯水从室温烧开至少需要的能量大约是 10 万焦耳,这还不包括热交换过程的损失能量,所以说几十焦耳是个非常小的能量值,可能打喷嚏气流的动能和内能加起来都会超过这个值,至于那些连环喷嚏简直可以称得上是重复频率非致命性非定向能武器了。而且,单个微波脉冲这么点能量是在几十纳秒的时间尺度下产生的,测量尤其困难。

到目前为止,高功率微波脉冲能量测量一般采用的是液体吸收式量热计的形式。它是靠微波辐射进入极性分子液体(比如酒精)中,然后被吸收使液体体积膨胀来推算微波脉冲的能量。那又有人问了,为什么不测量液体的温升呢?这个需要稍微解释一下。因为高功率微波脉冲能量测量的量热器一般是在微波辐射窗之外加一个大的吸收式液体量热计,具体要多大呢?就是需要大于辐射喇叭天线的直径,只有这样才能把辐射的微波脉冲能量大部分收入囊中。所以,既然量热计大,那么液体的用量就不会少,因此,吸收微波单脉冲能量后的温升就很低,温升太低了基本上测量就不可能准。

那又为什么必须用大的量热计呢?答案就是小的功率容量不够,量热计表面一旦产生击穿则测量就会更加不准确。用这种体积膨胀率测量高功率单脉冲能量的方式被证实是可行的,并得到了实际应用,之所以很多人可能根本没有见过这个东西,是因为它使用麻烦、制作麻烦。

#### 7.2.2.4 模式测量

高功率微波模式测量是另外一个头疼的测量问题。高功率微波产生器件大都是工作于相对论区间的强流电子束器件,前面也讲过,这类器件大都是放荡不羁、随心所欲,想让它们产生一个纯净模式的高功率微波脉冲非常难。同时,高功率微波传输所用的圆波导中一般为了提高功率容量会选得比较粗,这就导致它在很多模式的截止尺寸之上。

那要是这么说咱们还不测了吗?不是不测,我这么说只是不想让大家对高功率微波模式测量寄予过高的期望,通常来讲,测量获得主要模式参数就行了,这事儿需要认真,但是不能较真。我举个例子,比如说相对论返波管振荡器这个器件,它的输出微波模式已经很纯净了,但还是有其他一些模式的存在,除了主模式 $TM_{01}$ 之外,圆波导最低模式 $TE_{11}$ 模就一定会存在,还可能有 $TE_{21}$、$TM_{11}$ 等。在测量中,这些模式混合在一起就像一条鱼混到一群鱼当中,很难分辨出来这些鱼跟鱼之间的差别,更别说非要挑出一条你想象中的鱼了。

圆波导中多种混合模式的测量就像前面提到的挑鱼一样困难。前些年,电子科大的王文祥老师曾经研制过一个选模定向耦合器测量装置,据称可以测量多种混合模式的高功率微波脉冲中不同模式的比例,这个装置长得像水泊梁山七号英雄秦明的狼牙棒,满身带刺。最后这个装置在试验中的确也用到并测得了数据,可是结果无人敢信。因为除了主模式以外本来其他各个模式的比例都不多,但耦合式测量不确定度都在百分之一二十。

讲了这么多,我只是想说测量多种混合模式比例的事儿目前还不靠谱儿。所以,高功率微波脉冲模式测量需要把握的关键就是看主流,只要能测出主要模式就可以,细碎小事可以不管。对于一些注定具有主要模式的高功率微波产生器件,它产生的微波脉冲主要模式特征可以反映在辐射场中。在单模辐射喇叭后观察放电管击穿图像或者利用辐射场方向图与仿真方向图对比基本上就可以判断主要产生模式,至于具体特定哪个杂散模式的比例,基本没人知道。对于那些主模式天生注定不显著的高功率微波器件,比如虚阴极振荡器和磁绝缘线振荡器,输出微波模式鱼龙混杂,就算你测得了模式比例又有什么用? 看着闹心,还没办法。

### 7.2.3 传输与发射系统参数测量

关于传输与发射分系统的关键参数,前面提到得比较多,它们包括馈源驻波比、馈源方向图、发射天线增益、发射天线方向图、波导传输损耗、传输与发射效率、等效辐射功率等。前面 4 个参数的测量与通用微波测量方法基本一致,虽然可以采用连续波方法直接测量,但是需要注意短脉冲效应对大型发射天线增益及方向图的影响。下面重点讲一下波导传输损耗、传输与发射效率以及等效辐射功率的测量。

#### 7.2.3.1 波导传输损耗测量

高功率微波波导传输损耗是个比较复杂和难以确定的问题,可以采用微波网络分析仪直接测量得到一个值,但是如果拿这个数值直接用于估算实际系统的插损那就相当不靠谱了。那个没人能说清楚的波导内强场条件下等离子体产生及扩散的影响会导致实际条件下的损耗远大于小信号冷测损耗,至于说传输高功率微波脉冲时到底损失有多大,那就要具体情况具体分析,不同功率、不同脉冲宽度、不同频率引起的损耗都不一样,有定性的结论,无定量的经验公式。具体的系统损耗测量一般采用在线耦合测量法给出,可是高功率微波系统在线测量的不确定度一般会大于 10%,甚至会达到 20% 以上,所以测量值的准确性会受到质疑。

#### 7.2.3.2 传输与发射效率测量

传输与发射效率这个数值是个测量综合数据,是系统馈电、传输以及天线发射 3 个效率的乘积。通常来讲采用卡塞格伦天线的发射系统效率可以做得比较高,最高可达到 80%。其次是有源相控阵发射系统,效率可以做到 60% ~70%,无源相控阵天线系统效率一般不超过 40%。所以,从高功率微波传输与发射效率上来说,采用卡塞格伦式天线作为发射天线是比较划得来的。但是有些人会吹毛求疵,说卡式天线系统不能快速拆装、只有单个目标瞄准能力、个头比较大等。也不能说这些话都是不对的,因为短时间内没有一种天线能够代替卡塞格伦式天线在高增益、高功率微波发射系统中的作用。

7.2.3.3　等效辐射功率测量

高功率微波系统等效辐射功率的测量相对比较简单,通常是在天线远场的高塔上面架设一个功率测量探头,根据这个地方测得的功率密度值再乘以以天线为圆心的球面面积值得到等效辐射功率值。所以,当你看到一个测试厂周围建有很多高塔的地方一般都是做雷达或者发射天线研制的单位。那为什么一定是要在高塔上测量辐射场呢? 主要是为了避免低仰角时天线副瓣会被地面反射,从而影响测量点处测得的功率,最终产生较大偏差。

那又为什么一定要在天线远场测量等效辐射功率呢? 那是由天线辐射特性决定的。

下面再普及一下天线远、近场的概念。天线远场的定义为距离大于 $2D^2/\lambda$,其中 $D$ 是发射天线的直径,$\lambda$ 是微波的波长。对于大型天线来说,远场通常很远,可达几千米到几十千米。天线的辐射区以远场条件为界分为菲涅尔辐射区和单调衰减区, 在菲涅尔辐射区的辐射场值与距离之间的关系不是一个单调减小的关系,它是振荡的,在大于远场条件时天线辐射场过渡到单调衰减区,即主轴上的辐射场强大致与距离的平方成反比(图 7 -7)。基于这个原因, 等效辐射功率测量一般放到天线的远场,测量得到的值很容易应用到计算等效辐射功率中。有时由于条件限制,远场距离实在是达不到, 那么至少也要比远场距离的一半远一些,这样测得的结果才不至于偏差太大。

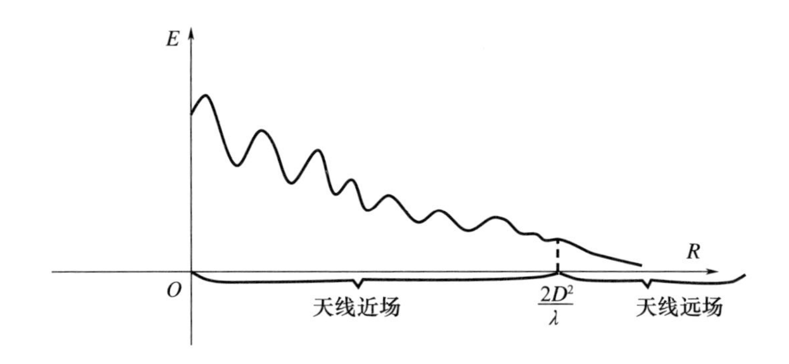


图 7-7　卡塞格伦天线辐射特性

### 7.2.4　超宽谱系统 *RE* 值测量

*RE* 值是表征超宽谱系统能力的一个参数,类似于窄谱高功率微波的等效辐射功率。测量这个的时候 *R* 值好办,拿把尺子就可以解决。可是想准确测量 *E* 值就难办了,超宽谱系统辐射场电场值的准确测量是个难题。通常来讲,为了准确测量得到超宽谱辐射场的电场值,必须要使测量装置具备与发射天线同样的带宽特性,所以超宽谱的电场测量装置一般由宽带接收天线 + 宽带同轴衰减器构成。其实接收类似于发射,要想使接收天线具备与发射天线同样的带宽特性,最好是做一个与发射天线一样的接收天线,可是这样的话接测量装置就有点太大了。因此,通常来讲,不会那样做。更常用的是在超宽谱电磁脉冲测量中接收天线使用一个小的锥形 TEM 喇叭天线,这就基本上够用了。但是难题来了,这个天线的有效面积怎么标定成了大问题?关键是没有什么标准,按道理讲频谱成分不一样接收天线的有效面积就不一样,总不能为每一个频谱特征千奇百怪的超宽谱源造一个标准源和标准天线,所以它的有效面积基本上靠仿真结果来给出,可是仿真结果和实际做出来的天线之间的差别有多大,无人知晓。

另外，超宽谱 $RE$ 值测量也需要在天线远场测量。不过这个远场与窄谱天线的远场定义就不同了，它的远场定义是 $R > D^2/2ct_r$，$t_r$ 是脉冲上升沿时间。这个定义的物理含义来自天线中心和边缘到辐射场轴线上某点的电磁脉冲传播距离差小于脉冲上升时间。

## 7.3　小　结

高功率微波测量与通用微波测量相比，是门既有继承又有创新的技艺，它解决问题的核心就是高功率、短脉冲带来的测量难题。对于任何测量来讲，目标就是要精确。可是对于高功率微波测量大家的要求就不要太高了，“功率高”“时间短”这两个特点带来的问题实在是太多了。

# 第8章　高功率微波系统是怎么设计的？

高功率微波系统相当于一个人，具备各个完整的分系统和各自的功能。它的分系统一般由脉冲功率源、高功率微波产生器件、传输与发射系统、测量系统组成。前面讲过，不一般的超宽谱高功率微波系统不需要高功率微波产生器件。

高功率微波系统的设计思想主要是以应用目的实现为主导，功能实现为主线，以系统指标设计为依据。其实按照白话说就是要设计的这个系统你要弄清楚是干嘛的？你想让它怎么干？你又想干多远？

举个例子，就说俄罗斯这个 Krasukha 系统，它的主要目标之一就是实现 300km 的预警机旁瓣干扰，要实现这个目标，首先就要做攻击目标的特性分析。美军 E－3 预警机上装备有多种预警以及目标指示雷达、电子干扰装置、机载数据链以及通信中继系统，对于 Krasukha 系统，俄罗斯人的目标非常明确，就是干扰预警机上的机载预警雷达系统，其他的暂不是主要目标。机载预警雷达在进行目标预警时其波束将进行大范围的扫描，接收反射波进行目标识别，Krasukha 系统将以接收转发式干扰和大功率宽带压制式干扰模式发射较一般雷达功率大 4 ~6 个数量级的模拟雷达回波，造成预警机下视式脉冲多普勒预警雷达在特定扇区的雷达回波信号接收饱和，从而失去对该扇区目标的监测预警功能。在这种高功率微波信号干扰压制的条件下，使预警机在特定方向的目标预警能力丧失，从而掩护该方向上的作战飞机编队、地对空以及地对地导弹的突防。

美军 E－3 和 E－10 预警机脉冲多普勒雷达的发射功率约为 1MW,采用旋转缝隙阵天线,半径约 4. 5m,L 波段增益约为 30dB。假定 Krasukha 系统位于距预警机 300km 处,发射机功率为 1MW,扫频带宽 500MHz,发射天线增益为 40dB,此时预警机脉冲多普勒雷达接收到的 Krasukha 系统干扰功率约比 $1m^2$ 反射截面目标的回波功率大 30～40dB,从而使预警雷达在该方向约 12°的扫描扇区内接收信号饱和,失去对小目标的预警探测能力。

在知道了上述目标与技术指标需求后,下一步是选用合适的高功率微波产生器件。以上述工作为指标,目前的兆瓦级行波管放大器或速调管放大器的带宽和输出功率均可满足要求。天线系统为了车载方便可以采用偏馈式 HPM 天线,大约 4m 口径即可达到 40dB 增益。

其实上述过程只是一个逆向分析而已,至于俄罗斯人在系统设计时是怎么想的我也不是十分确定,但总不外乎前面讲到的需求分析、目标分析以及指标需求确定等过程,因为这是系统设计的惯用套路而已。无论大系统还是小系统,高功率微波系统在脉冲功率源、高功率微波产生器件、传输与发射等上面的选择其实很少,不存在选择困难的问题。因此,总地来说系统设计是好办的。当然了,针对一个特定系统的设计,不同的人会有不同的思路,就像有的人穿衣服先穿上衣,有的人可能会先穿裤子。总之实现目的最重要,过程合理就行,没有必须按部就班的程序来遵循。

# 第 9 章　高功率微波用起来安全吗?

高功率微波系统是要用电产生微波辐射的装置,它在具备远距离电磁攻击能力的同时也会引起周围电子系统的附带损伤。这些附带损伤效应是由高功率微波系统产生的几种不同类型辐射源引起的,这些辐射源归纳起来非常重要的有高功率微波辐射、低频电磁场辐射及干扰、X 射线辐射三种,同时还有一种潜在危险就是强磁场。

## 9.1　高功率微波近场辐射

其实,不管做什么事,核心是要关注人的问题,人的问题解决了,其他都好办。在这个“三加一”的辐射源中,对人来讲最不可怕的就是高功率微波辐射。为什么这么说呢? 因为大部分情况下,系统工作时操作人员都已经躲在可以至少衰减 60dB 的屏蔽舱中了。至于偶尔暴露在高功率微波波束内人员的短时和预后的生理以及病理效应,效果还真就不明显。

但也不能说高功率微波对人就是无害的,因为我不是搞医学研究的,下这个断言不符合严谨求实的科研作风。

其实高功率微波源真正可能影响到的是什么? 不是别的,而是周边的电子设备。高功率微波系统以电磁波脉冲为攻击手段,其产生电磁脉冲的功率达到吉瓦量级,电磁脉冲通过抛物面天线向外辐射。对于窄谱高功率微波来说系统等效辐射功率达 $10^{14}$ W

甚至更高,天线的旁瓣和后瓣虽然很低,但是辐射功率可不低,在周围几十米的范围内可以达到几百到几千伏/米的辐射场强。大致的辐射方向图见图9-1。如果是超宽谱系统(图9-2),那天线辐射简直就像天女散花,让你压根儿找不到哪儿是主瓣,哪儿是旁瓣,周围简直无处藏身。因此,超宽谱微波系统对周围电子设备带来的电磁干扰会远比窄谱高功率微波系统严重得多。

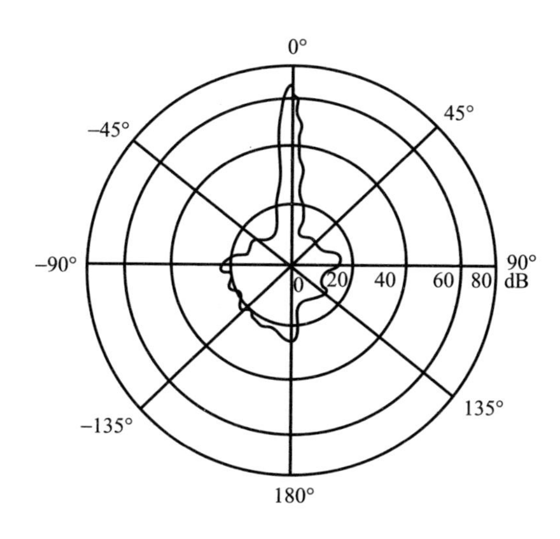


图9-1　窄谱高功率微波辐射方向图特点

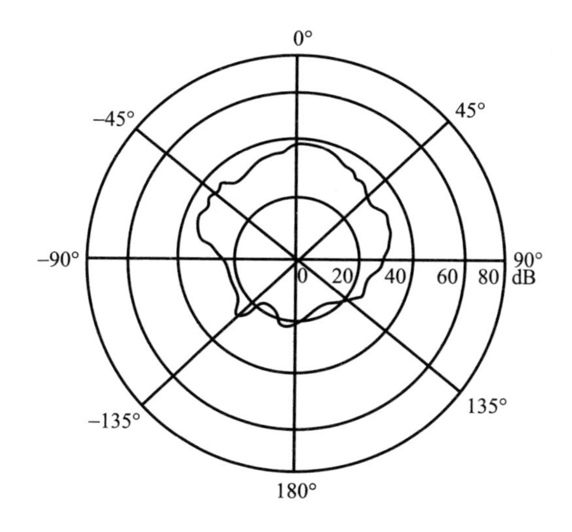


图9-2　超宽谱高功率微波辐射方向图特点

从图9－1和图9－2的比较来看,窄谱高功率微波及超宽谱高功率微波系统辐射特征确实差异显著,相对比较让人放心的还是窄谱高功率微波系统,它的辐射频谱可以预期,且幅值可以预估。超宽谱系统由于发射天线增益较低,所以周围辐射泄漏尤其大,且泄漏频谱复杂不可预期,防护起来相当麻烦。因此,与超宽谱高功率微波系统一起工作的电子系统尤其需要强身健体,做好自身的电磁防护及电磁兼容。

## 9.2　低频电磁场干扰及辐射

高功率微波系统的低频电磁辐射及干扰是指那些不是微波波段的非规则电磁干扰信号。那么它们是从哪儿来的呢? 答案是:它们是从脉冲功率驱动源中出来的。

由于脉冲功率驱动源工作时的供电电路存在多个环节的快脉冲充放电过程,而且在最后一级的脉冲压缩中高压气体开关将以气体击穿的形式传导几十千安的瞬时大电流,因此这些都是低频电磁脉冲的辐射源。这些低频电磁辐射频谱覆盖几十到几百兆赫的范围,并分为传导干扰和辐射干扰两种形式影响周边电子系统。

传导干扰是指通过电源供电系统或其他连接线缆传导到周边设备中的干扰信号,这个只存在于那些与高功率微波系统共用电源或有控制线缆连接的设备。辐射干扰是指这些低频电磁干扰辐射到空间中,并作用到周边电子设备上产生干扰。高功率微波系统的低频电磁辐射干扰一般情况下并不大,那是因为这个系统本身一般是在一个相对密闭的工作舱中工作,泄漏出来的辐射信号幅度本来就不高。另外,由于信号传播方向是不确定的,所以分布到各个方向的干扰信号功率就很小了。

但是,如果高功率微波源是在一个小范围开放的环境下工作,比如放在一个实验室中,那么这个小的空间中的低频电磁辐射还是比较严重的,其在周围可能形成几百伏/米到千伏/米的电磁干扰,那些监控摄像头、相机或是偶尔忘了放在实验室的手机差不多很快就会坏掉。

至于高功率微波系统的低频电磁辐射及干扰对人有没有损害,我觉得只要别去摸电门或是站在微波源旁边,可能问题都不会很大。

## 9.3　X射线辐射

X射线辐射在高功率微波系统的几种类型辐射中是最需要引起注意的。那么高功率微波系统中的X射线辐射又是从哪儿来的呢?它是从强流电子束二极管来的。前面也讲到过,大量参加过束波互作用后的高能电子束轰击到电子束收集极上被减速吸收掉,这个过程不仅仅只产生热量,电子束的减速还会激发轫致辐射,从而产生大剂量X射线。

"轫致辐射"是指高速运动的带电粒子剧烈减速或转弯时把自身的能量转换为射线的一种辐射。泛指带电粒子在碰撞过程中发出的辐射。我觉得倒不如称这种辐射为"开车辐射"更朗朗上口,因为开车就必须有"刹车、减速和转弯",带电粒子直线匀速运动时什么都不会发生,就是在这几种有加速度的情况下才会产生能量辐射。

上面还讲到了这种带电粒子之间的碰撞,这有另外一个高大上名字,称为带电粒子之间的"库伦散射",说白了就是电荷同性相斥、异性相吸导致的碰撞湮灭或运动方向改变。

由于高功率微波系统中的强流电子束的能量非常高,达到了兆电子伏量级,所以产生的 X 射线属于硬 X 射线范畴。这种硬 X 射线以电子束收集极为圆心向四周发散,具备一定的前向方向性,且具有很强的穿透力。它的衰减在没有有效屏蔽阻挡的情况下几乎是呈几何规律衰减的,不像软 X 射线能被空气散射快速衰减并在较短距离就能够达到安全阈值以下。因此对这种硬 X 射线的防护要倍加小心。根据 GB 18771—2002《电离辐射防护与辐射源安全基本标准》的规定,连续 5 年的年平均职业照射剂量不得超过 20mSv,任何一年的有效剂量不得超过 50mSv。因此,如果在高功率微波源附近工作而不加任何防护的话,这个值是非常容易达到的,大约为微波源工作几百到几千个脉冲的剂量就够了。但是如果做有效的屏蔽防护措施,X 射线辐射也可以在较短距离上降到安全阈值以下。不管怎么说,高功率微波产生的 X 射线电离辐射是几种辐射类型中对人体危害最大的一种,这需要引起从业者的足够关注和小心。

上面讲到的是电离辐射对人的影响,其实强的 X 射线对电子系统同样存在毁伤效应。对 X 射线比较敏感的电子器件是集成电路芯片,其中的 PN 结会在射线作用下产生翻转效应,从而使器件工作紊乱。更大剂量的高能 X 射线辐射还会使半导体器件中掺杂浓度产生永久性的变化,从而影响器件性能或者使其失效。因此,在系统应用中不仅需要对邻近电子束二极管的控制电路或精密控制器件进行电磁屏蔽,还要进行射线屏蔽,从而避免 X 射线辐照损伤。

## 9.4 强磁场

实际上强磁场不是一种辐射,它只是超导系统或其他螺线管磁体强电流激励的静态或准静态磁场。通常来讲,磁场对人体并不会产生什么特别大的有害影响,前些年有些人还狠狠鼓吹了一阵子的磁疗床、磁疗枕甚至磁疗腰带之类的东西,可能这些东西并没有什么用处,但也不至于有多大害处。

高功率微波系统所用的强磁场不太一样,这个磁感应强度比较强,一般都能达到一万到几万高斯,地磁场强度一般是 0.5 ~ 0.6Gs,所以它大约是地磁场强度的 10 万倍。但是它有一个特点就是在周边衰减很快,大约 2m 外就衰减到几十高斯以下了。目前,对人体有害的磁场限值国家标准好像还没有。国家电网的一个行业标准 Q/GDW 145—2006 中规定,对人体产生不良影响的磁场限制为小于 10mT,即 100Gs 左右。至于制定这个标准的依据是什么,有没有试验结论支撑,不得而知。

关于强磁场对生物体影响的研究,国内外很多研究机构都开展过类似的工作。军事医学科学院李杨研究员带领的一个研究团队曾经开展过强磁场对生物体生理以及病理学影响的研究,所关注磁场的强度范围大约是几百到几万高斯。国外一些研究机构给出的结果互相矛盾,从结论到现象都是大相径庭。有的得出了结论是有严重影响,有的得到的结论是没有显著影响,还有的说任何现象都没有。应该说,在特定的试验条件下他们的结果都可能是对的。

强磁场对人体的影响暂不清楚,但是对周边设备的影响是显而易见的。在强磁场下部分电子设备的控制会失效,这可能是强磁场影响了控制电路中半导体器件或机械式继电器的正常工作状态。同时还可以确定的是,强磁场对于一些高速运转的机械结构装置有重要的影响,比如说真空分子泵,它的动片转速高达每分钟几万转,它切割磁力线产生的电势差以及磁应力足以使动片变形量大于与静片之间零点几毫米的正常间隙,从而把内脏搅成一锅粥。

## 9.5 相邻系统辐射防护

上述几种辐射种类不一、性质不同,所以防护手段也是不一而足。防护方法也不外乎就是该包就包、该挡就挡,实在是包不了、挡不住的那就离远一点。

### 9.5.1 高功率微波及低频电磁干扰防护

对于高功率微波和低频电磁干扰的防护其实与常规EMI/EMC设计没有什么特别需要强调的地方,只不过这里的干扰信号更大,需要把EMI/EMC设计做得更好。那么要做好对高功率微波和低频电磁干扰的防护到底需要做哪些工作呢?其实需要针对不同系统的情况具体问题具体分析,如果大家都照一个模式做防护,那肯定是有的做过了,有的还不够。归纳起来,对于微波及低频电磁干扰的防护,需要重点做到的就是接地、屏蔽和滤波三件事。

电子设备接地的目的简而言之有三个:①接地使整个电路系统中的所有单元电路都有一个公共的参考零电位,保证电路系统能稳定地工作;②防止外界电磁场的干扰。机壳接地可以使得由于静电感应而积累在机壳上的大量电荷通过大地泄放,否则这些电荷形成的高压可能引起设备内部的火花放电而造成干扰;③对于电路的屏蔽体,若选择合适的接地,也可获得良好的屏蔽效果,保证安全工作。接地可以理解为一个等电位点或等电位面,是电路或系统的基准电位,但不一定为大地电位。为了防止雷击可能造成的损坏和工作人员的人身安全,电子设备的机壳和机房的金属构件等,必须与大地相连接,而且接地电阻一般要很小,不能超过规定值。

电路的接地方式基本上有三类,即单点接地、多点接地和混合接地。单点接地是指在一个线路中,只有一个物理点被定义为接地参考点。其他各个需要接地的点都直接接到这一点上。多点接地是指某个系统中各个接地点都直接接到距它最近的接地平面上,以使接地引线的长度最短。接地平面,可以是设备的底板,也可以是贯通整个系统的地导线,在比较大的系统中,还可以是设备的结构框架等。混合接地是将那些只需高频接地点,利用旁路电容和接地平面连接起来。但应尽量防止出现旁路电容和引线电感构成的谐振现象。这里需要强调一点,由于高功率微波系统工作于快脉冲条件下,所以接地电感必须要小,因此做系统接地时一定要大方,能用宽大的导体就不要用细导线,不然接了地也没什么用。

再说说屏蔽,屏蔽就是对两个空间区域之间进行金属的隔离,以控制电场、磁场和电磁波由一个区域对另一个区域的感应和辐射。具体来讲,就是用屏蔽体将元器件、电路、组合件、电缆或整个系统的干扰源包围起来,防止干扰电磁场向外扩散;另外一个作用就是用屏蔽体将接收电路、设备或系统包围起来,防止它们受到外界电磁场的影响。所以,原理上讲电磁屏蔽就像人要穿衣服,主要是为了隔离外界视线的干扰和内在魅力的发散。

因为屏蔽体对来自导线、电缆、元器件、电路或系统等外部干扰电磁波和内部电磁波均起着吸收能量(涡流损耗)、反射能量(电磁波在屏蔽体上的界面反射)和抵消能量(电磁感应在屏蔽层上产生反向电磁场,可抵消部分干扰电磁波)的作用,所以屏蔽体具有减弱干扰的功能。

屏蔽体材料选择的原则是:当干扰电磁场的频率较高时,利用低电阻率(高电导率)的金属材料中产生的面电流,电阻率越低

(电导率越高),反射的功率越大,形成对外来电磁波的抵消作用,从而达到屏蔽的效果;当干扰电磁波的频率较低时,要采用高磁导率的材料,从而通过磁屏蔽使电磁场限制在屏蔽体内部,防止扩散到屏蔽之外的空间去;在某些场合下,如果要求对高频和低频电磁场都具有良好的屏蔽效果时,往往采用不同的金属材料组成多层屏蔽体。上述这些道理就像人在不同季节选择不同的衣服,冬天选不通风的保暖,夏天选既通透又要防紫外线的散热加防晒,需求不同所致。

还有一个是滤波,滤波是抑制和防止干扰的一项重要措施。滤波器可以显著地减小传导干扰的电平,因为干扰频谱成分不等于有用信号的频率,滤波器对于这些与有用信号频率不同的成分有良好的抑制能力,从而起到其他干扰抑制难以起到的作用。所以,采用滤波网络无论是抑制干扰源和消除干扰耦合,还是增强接收设备的抗干扰能力,都是有效的措施。那么又该怎么去滤波呢?其实电路原理比较简单,用阻容和感容去耦网络就能把电路与电源隔离开,消除电路之间的耦合,并避免干扰信号进入电路。对高频电路可采用两个电容器和一个电感器(高频扼流圈)组成的π型滤波器。滤波器的种类很多,选择适当的滤波器能消除不希望的耦合。

上面道理讲了一大堆,其实大多数情况下也就是说者有心、做者无意。如果一个电子系统真的严格依照上述 3 个方面的要求进行屏蔽设计,我想一定就没有什么大的电磁干扰问题了。但是现实却是残酷的,大多数情况下是,“国标、军标无穷多,一有干扰就趴窝。”这是为什么,难道是标准出了问题吗? 不是的,出问题的不是标准,而是人。现在多数的设备生产厂家都只满足于在机壳上标注符合 GJB 151A、GJB 1389A 要求之类的字样,其实连这些标准的内容都不甚了解。

### 9.5.2　X 射线辐射防护

射线辐射防护是有专门的手册来讲的,从 20 世纪 50 年代到现在每隔几年出一本,内容大同小异,每一本手册都是厚厚的一大本,看起来让人头疼。如果定性地归纳一下 X 射线辐射防护方法,其实也很简单,就两句话:“要么挡住它,要么躲远点。”

不管是 X 射线、γ 射线、中子还是其他类型的辐射,有效的阻挡都可以起到很好的防护作用。阻挡射线的东西选择很重要,选择的标准就是这种材料的原子量越大越好,阻挡材料的原子量越大就可以用得越薄一些,原子量越小就需要越厚一些。但不管怎样,靠多穿几件衣服挡射线是不靠谱儿的。通常用于射线防护的材料是铅,它是原子量最大的非放射性元素,比较便宜,也容易加工,另外还不会被射线活化。

还有一种常用的射线防护材料就是混凝土,它的相对密度不到铅的 1/4,所以同样的屏蔽效果需要比铅厚 4 倍以上。但是它比较便宜,且构型方便,所以实验室以及核反应堆等不动的放射源屏蔽都用混凝土结构。

对于部分高功率微波系统来讲,如果将来投入应用了 X 射线屏蔽怎么办? 总不能建一个大水泥壳子把它盖上吧。其实不用,最好的办法就是在射线产生区域,即电子束收集极附近做局部屏蔽,由于电子束收集极不大,屏蔽起来还是很容易的。同时,系统操作人员离远点就够了,实在不行屏蔽厚点、人再远点就一定能行,反正现在的系统控制都可以远程操作。

### 9.5.3　强磁场防护

有关强磁场的特征前面已经说得很清楚了,它在周围衰减得非常快,因此对周边邻近设备的影响非常有限。除非是迫不得已放到近处,只要注意把一些敏感的电子设备和机械设备放到2m开外就行了。

理论上讲,磁场也可以进行屏蔽,铁磁材料就可以有效屏蔽泄漏的磁场。但是一般不这么做,那是因为外部的铁磁材料会影响外回路磁力线的均匀分布,进而影响螺线管内部的磁场分布,最终导致内部磁场分布不能满足电子束传输要求。还有就是外部一个铁磁材料放到一个强磁场中,将会产生巨大的磁应力,从而导致系统机械结构变形及损坏。

由于强磁场对人的影响还不甚清楚,为谨慎起见高功率微波器件调试操作人员应尽量减少在强磁场下的暴露时间。其他人员所要注意的无非就是别拿自己的贵重电子设备靠近磁场系统就行。

## 9.6 小　结

高功率微波系统应用安全及防护包括多个方面的内容,其中基本上没有那些被不懂行的人夸张到闻之色变的对人、对设备的强干扰和辐射。对人员的防护最需要注意的是X射线防护,而且也并不是一件多么困难的事儿。对设备的电磁防护也没有特别的技术要求,只要真正做到满足电磁防护标准要求也就够了。

# 第10章　高功率微波怎么用?

这一章是回答高功率微波到底怎么用的问题,因此是个不好讲的话题。很多人都不愿意讲高功率微波怎么用,就像面对一个坏孩子,以前他只知道怎么骂人,如果你教会他用刀就麻烦了。因此,大部分人都不说高功率微波这个东西怎么用、干什么用这个话题,而是顾左右而言他,因为这毕竟是一个敏感的话题,说多了不好,说错了骗人。

反正到目前为止,我还没有听说高功率微波系统除了武器应用之外开发了什么新用途,比如做饭、打鸟、娱乐、治病等,所以基本上可以肯定高功率微波技术研发的目的绝不是为了在那口大锅中做做饭而已,至于能干什么,我们来看一看外国人都做了些什么吧。

国外研发的高功率微波系统加起来也是林林总总几十种,挑几个重点系统进行介绍。

## 10.1　主动拒止武器系统

主动拒止武器(Active Denial System,ADS)这个概念是美国人首先提出的一种高功率微波技术应用。

主动拒止武器是由美国空军研发并由雷声(Raytheon)公司制造的,目前已经有了两代产品,即ADS－1和ADS－2(图10－1),据称该装备已经在伊拉克和阿富汗战场上得到实际应用,效果颇佳,官兵交口称赞,群众闻风丧胆。

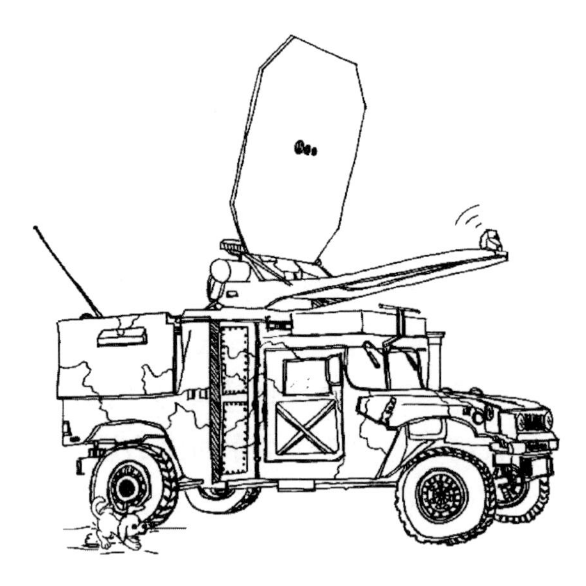

图 10-1　美军 ADS 系统

这个系统严格来讲不是高峰值功率微波系统,它只是一个高平均功率微波系统。它的微波产生系统是工作于 95GHz 的回旋管振荡器,产生几十到百千瓦左右的毫米波辐射。ADS-1集成放置在一辆“悍马”越野车上,ADS-2 集成于一辆奥施科什公司出产的中型战术卡车上,然后通过一个小型平板天线(FLAPS)发射出去,发射天线的辐射方向可以机械调节,覆盖几乎达 360°方向。

为什么一定要用 95GHz 的微波,而不用其他频率的微波呢?这个需要普及一下。95GHz 的微波对应的波长约为 0.3mm,而人的神经末梢所在的真皮层深度也差不多在 0.3mm 的位置,所以这个波长的微波作用到人体产生的刺痛感最为明显。

这个东西我作为志愿者曾经尝试过一次,它作用到人体的瞬时效应类似于开水倒在身上的感觉,人会因不自觉的条件反射而采取回避动作逃离波束之外,感觉十分酸爽。它主要用于非暴力方式驱散聚集人群,有效作用距离在 700 ~ 1000m。这个距离选择是有讲究的,它需要超过一般手持式武器的有效射程范围(手枪约为 50m,步枪约为 400 ~ 800m),从而可以避免行动人员的近距离交战伤害。原理上讲,只要不在微波辐射场长时间滞留,大约几秒到十几秒的照射不会对人体产生永久性的伤害,更多的伤害可能会是因惊吓而导致的难以平复的心理创伤。

## 10.2 “警惕鹰”系统

“警惕鹰”系统严格来讲也是一种高平均功率微波武器。它是美国人提出的一种用来保护海外机场作战飞机起降阶段免受肩扛式导弹攻击的一种高功率微波武器。据说刚开始发展这种系统时有两种方案,一种放地面上,另一种放飞机上,最后美国空军选用了第一种方案。

肩扛式导弹射程一般为 5 ~ 8km,是攻击直升机以及起降阶段大型飞机的首选武器。这个武器个头小、价格便宜,因此它是全世界恐怖分子的最爱。普通的肩扛式防空导弹在亚、非、拉战乱地区武器黑市上 3000 ~ 5000 美元就可以买到全套产品,因此它成为了现代反政府组织游击队员们的大刀长矛,是美军海外基地的主要威胁之一。

“警惕鹰”系统工作起来更像一个超大功率雷达,根据部分公开文献的报道,它是由大功率固态微波器件组成的相控阵微波发射系统。其目标探测及跟瞄为一个红外光学跟瞄系统,通过导弹的尾焰红外特征来发现和跟踪目标。微波发射系统在目标引导系统的支持下发射高功率微波信号,干扰导弹的制导信息接收系统以及飞控系统,使导弹导引头丢失目标、控制链路中断或飞控系统失效，从而达到保护飞机的目的。据报道该系统已经装备于美军海外军事基地的机场，其实际战术打击效果不得而知，估计应该还不错，因为从原理和效应上讲这个效果都应该是“杠杠的”。

## 10.3　Phaser 反无人机系统

2016 年 7 月，美国陆军部武器试验局公开了 Phaser 高功率微波武器的试验视频。2013 年 9 月，美国陆军在俄克拉何马州的试验场开展了 Phaser 系统反微小型无人机首次试验。该系统和主动拒止武器一样也是由雷声公司作为主承包商研制的。

Phaser 整个系统集成在一个集装箱上，包括供电以及控制等辅助系统布置于集装箱内部，根据其外形推断应该是一个多反射面高功率微波发射系统。它对目标的发现和指示依赖于外部的目标预警和目标指示雷达。在试验中，他们展示了对两种无人机的跟踪及毁伤能力，同时还对模拟的无人机蜂群开展了攻击试验，证明这种高功率微波系统可以同时击落多架无人机。试验后美国陆军开展了进一步降低高功率微波系统能耗、减小尺寸等研究，预期使其未来可担负拦截对手的“蜂群”式无人机攻击的任务（图 10－2）。

无人机“蜂群”作战的概念是美国率先提出来的，而且到目前为止还没有投入实战应用的战例。这个概念让相关国家可是挠头了好一阵子，怕美国人万一打仗用上了怎么办！这下可好，别人还没有想出来有效的对付招数呢，他们自己又憋不住提出来了一个有效的对付方法。我看这个方法还真是不错，大家都可以学一下。

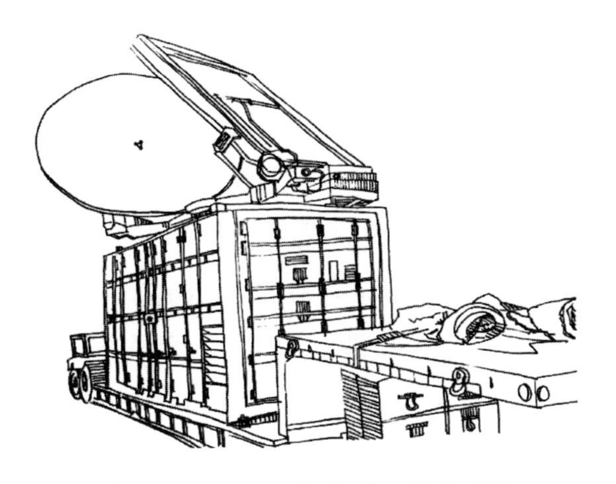

图 10 - 2　Phaser 反“蜂群”无人机系统

## 10.4　CHAMP 电磁脉冲弹

美国人将开展电磁脉冲弹的研究计划命名为 CHAMP(反电子系统高功率微波先进导弹计划),电磁脉冲弹的概念于 20 世纪 90 年代就被美国人提出,经过 20 年的努力,第一次飞行试验终于成行(图 10 - 3)。2012 年 10 月 16 日,CHAMP 计划主承包商——美国波音公司在犹他州空军试验基地完成了首次飞行试验。说到这里提醒大家一句,千万不要认为波音公司只生产民用客机,它其实是美军作战飞机、导弹、电子战系统的主要供应商之一。

试验中,按照设定的飞行路线,携带高功率微波发射装置的 AGM - 86 空射巡航导弹在犹他州沙漠低空飞行约一个小时,在最终自毁前攻击了 7 个既定的电子装备目标,并使其中的电子系统降级或失效。在其中一个目标点上使房间中放置的计算机黑屏,并使遥控记录图像的 DV 装置关闭。与传统武器装备不同,该武器只是飞过被攻击目标上空进行电子攻击,而不是进行爆炸硬毁伤。

波音公司和空军实验室认为,这次试验取得了巨大的成功。"我们命中了所有设定的目标,在今天将科学幻想变成了现实。"波音飞机公司董事会副主席詹姆斯·多德讲,他认为这是对付日益复杂的雷达系统的有效武器。根据美国国防部公布的雄心勃勃的高功率微波武器发展规划,第一阶段发展战机投放式小型化反电子系统高功率微波武器,打击对象是敌方的防空系统。2012 年试验未被公布的几个目标中,可以肯定包括防空雷达以及防空导弹控制系统等目标,目前看来美军已经实现了第一阶段目标。

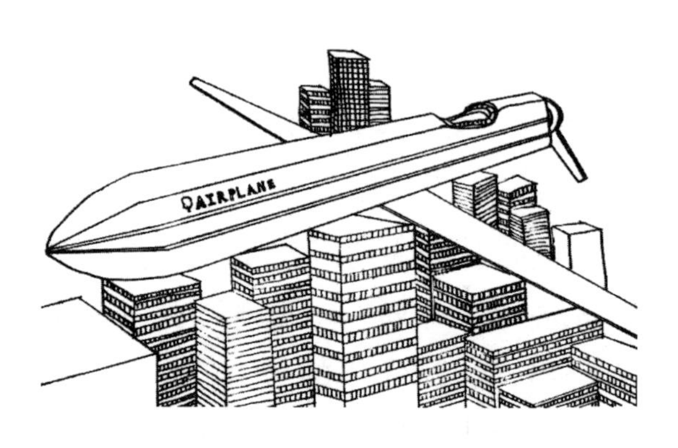


图 10-3 CHAMP 系统示意图

2014 年 11 月,美国空军公布了新的定向能武器路线图的高功率微波部分,美国空军在 2016 年实现配装 AGM-86C/D 常规空射巡航导弹(CALCM)的第二代高功率微波武器,可实现多次和多目标打击;在 2024 年之后实现可配装 AGM-158B 增程型联合空地防区外导弹(JASSM-ER)的高功率微波武器,优化波形以增强效力,提高能源使用效率,降低尺寸、重量、功耗;在 2029 年之后实现可配装第五代战斗机和无人机的高功率微波武器。这一技术领域的整体目标则是"增加高功率微波武器家族的能力,可适装于各类空中平台。"

美国空军一直是美军高功率微波武器发展不遗余力的支持者,前些年美国空军的定向能武器发展计划“MURI”的项目办公室主任就是空军上校 James Barker。

近几年,美国空军重点发展了机载以及弹载高功率微波武器并支持了 CHAMP 计划的实施和试验。于是很多人就开始鼓吹 CHAMP 多好、多有用,似乎美国人都干了,那一定没错儿。

实际上这事儿事出有因,美军在全球任何战场都具备无可争议的制空权,美国空军以及海军航空兵是美军全球战略重要支撑,因此美国空军优先发展机载高功率微波武器是符合它的战略需要以及作战能力需求的。别的国家可千万学不得。比如俄罗斯就比较聪明,他们有自己的定力和想法,经过近些年的努力,在高功率微波武器研发上有了重大的突破,多型高功率微波武器投入作战应用且实战效果显著。

## 10.5　Krasukha 电子战高功率微波系统

Krasukha 电子战高功率微波系统是俄罗斯根据自身作战特点以及战场应用需求研制的一款功能适中、好用且便宜的车载高功率微波干扰系统(图 10 - 4),据称其可以在几百千米外对预警机实施有效干扰。但是实际上预警机在作战时一般部署于防空导弹所能到达的防区外 300 ~ 500km,此时它是不是还管用、好用不甚清楚。

Krasukha - 2 系统的研制工作起始于 1996 年,2011 年完成系统研制及试验,2014 年交付部队使用,2015 年在第 12 届莫斯科航空航天展览会上正式曝光。Krasukha - 2 发射系统为偏馈反射面天线,可以实现 360 °旋转,最大俯仰角为 - 5 ° ~ 45 °。从功能以及构造形式上判断该系统应该是一套超大功率宽带干扰机,报道称其对预警机旁瓣干扰距离可达300km。Krasukha-4是Krasukha-2的升级版,研制目标主要为应对美国MC2A、E10A预警机、E-8C电子侦察及电子战飞机、“捕食者”和“全球鹰”无人机,甚至包括“长曲棍球”电子侦察卫星。据报道,Krasukha-4系统既可以使用重型越野卡车装载机动作战应用,也可使用伊尔-76大型运输机实施远程投送。

图10-4　Krasukha电子战系统

## 10.6　微波炮

根据2016年6月的报道,俄罗斯国家技术公司(Rostec)旗下的联合仪表制造集团代表对媒体透露,该集团已研发出超高功率“微波炮”(图10-5)。该微波炮可使敌方飞机、无人机以及高精度制导武器弹头部分的电子设备失灵。该名代表表示,“微波炮”有效作用距离超过10km,将其安装在特殊平台上可实现360°全方位防御。该名代表还声称,该款武器可搭配“山毛榉”地对空导弹用于防空,另外还可检测俄军电子系统抗微波辐射能力。并声称,“目前从技术性能来讲,世界上尚没有同类武器”。

图10-5　微波炮原理图

从技术继承性和应用特点分析,该武器系统是2001年俄罗斯在智利利马海事和宇航展览会上展出的两种微波武器设想的后续发展。在那次展会上俄罗斯展出了两种微波武器(Ranets-E和Rosa-E)的概念模型和假想作战应用场景。Ranets-E即为微波炮的前身构型,当时的设计输出功率为500MW,工作在厘米波段,声称能在60°扇形内使10km范围的高精度制导武器失效;Rosa-E也工作在厘米波段,重600~1500kg,可装载于飞机上,用于降低敌方雷达系统性能,干扰作用距离达到500km。从作用特点上分析,Ranets-E为损伤型高功率微波炮,主要用于攻击损伤武器电子系统;Rosa-E为类似大功率干扰型微波武器,主要用于干扰敌方电子系统接收机,其后续的定型武器型号应该为Krasukha系列电子战武器装备。

1992年,《简氏防务周刊》也报道了俄罗斯与英国一家防务公司合作研制了一种岸防高功率微波雷达系统——NAGIRA,主要利用其短脉冲和窄的波束角识别掠海飞行的目标,并开展了相关试验。该系统所展示的技术与Ranets-E和2016年这次报道的"高功率微波炮”具备技术继承性。

基于上述报道,初步分析认为,俄罗斯在重复发射高功率微波武器上已经具备了系统研发和装备应用能力,且已形成实战能力。该系统将有助于改变以前俄罗斯武器装备系统相对于北约军队武器装备在电子对抗能力上的劣势,是提升现阶段俄军现役装备作战能力的一项重要手段。

## 10.7 反爆炸物高功率微波装置

2016 年,美国 Leido 公司展示了一种用于反爆炸物的高功率微波装置,报道称该系统可发射特定频率的高功率微波,能够在足够远的距离上引爆简易爆炸装置,以保证准军事行动人员安全。其设计团队负责人 Schaefer 称,该系统对任意触发机制的爆炸物都有效,能够车载使用,并具备几个小时的连续运行能力。我认为他说的“对任意触发机制的爆炸物有效”应该是指对于电磁脉冲不能干扰的机械触发式反步兵地雷可以采用类似于扫雷犁的压爆式排雷方法,是多方法并举,单纯采用高功率微波是不可能什么都可以对付的。

据报道该系统采用军用卡车装载,使用阵列天线作为微波发射天线,卡车上配备有压爆式排雷装置。目前,该系统已经通过美国空军在柯特兰空军基地和白沙导弹试验靶场的测试试验,验证了系统对各种类型爆炸物的有效性,至于是否已经得到应用还不得而知。俄罗斯也曾经报道研制成功一种类似原理的装置,他们做得更小,集成于一个小的行李箱中,可以单人携带或小型车辆装载。

从综合报道信息以及 Leido 公司前期的技术报告涉及的研究内容判断,该装置应该为一种小型阵列化超宽谱高功率微波辐射装置,主要应用为对具备电磁引信的爆炸物排爆,作用机理应该是通过强电磁场的辐射耦合使爆炸物的电子引信误触发或损坏,从而使爆炸物提前引爆或引信失效而不再爆炸。这个系统可能的应对目标包括反坦克地雷、反直升机地雷,简易遥控爆炸装置,是复杂敌情、社情条件下反恐作战的利器。尤其是可以有效应对恐怖分子惯用的小片区域多点布设爆炸物延时引爆的做法以及路边简易遥控爆炸物。但是,这个装置的应用会对周边的民用设施包括银行自助终端、电梯、移动基站等敏感系统产生干扰以及损伤效应,因此这个系统既是反恐利器,同时也可能成为恐怖分子的恐怖活动工具,希望恐怖分子一直不要重视此类研究。

## 10.8　小　结

高功率微波技术的应用发展从开始到现在一直在坎坷中摸索前行,它是全新的介于摧毁性物理打击以及电子干扰之间的一种能量对抗手段,其物理可行性以及重要性正在逐渐得到广泛而深刻的认识。虽然已经看到国外的部分武器系统推向应用,但是总地来讲这些应用并没有什么颠覆性的效果和超出常规想象的应用创新。随着基础技术的不断进步,高功率微波系统将会逐步实现小型化、阵列化,逐步具备在各种平台上应用和信息对抗中的硬摧毁能力,只有到这个时候这种武器才能称得上是真正厉害。但是不能因为现在还差点我们就忽视它、小看它,那样就是短视。在我看来,这种武器技术是一个极其有前途的潜力股。

# 第11章　高功率微波将往哪儿去？

高功率微波技术的发展强烈依赖于未来各种可能的应用，尤其是军事应用的拓展及牵引。目前，世界上军事强国的现代化武器作战系统已经全面步入信息化作战时代，各个大国如何应对信息化作战带来的威胁以及提升信息化作战威胁能力是一个必须要思考清楚、想想明白的问题，想不明白时不要轻易说“不”，也不要轻易说“是”，因为那样是不负责任的。

虽然说高功率微波在有效对抗信息化武器装备方面有得天独厚的技术优势，但同时有效的防护也可以降低其使用效能。因此，对于未来的高功率微波技术的发展及应用大家是众说纷纭、褒贬不一，至于将来它真正是有大用或是有小用或是没用，不取决于那些聒噪如雀舌之语，只在于那些高功率微波的从业者们是否努力。

无论未来高功率微波技术走向何方，它的基础技术都将会得到持续不断的发展，技术的中间应用也会逐步拓展，大家也会逐步认识到这个技术的重要性和对相关技术基础的牵引拉动作用。高功率微波技术必将会成长为新一代电磁物理技术的“带头大哥”，撬动电磁场与微波技术这个老朽且久已停滞不前的列车，换上全新的引擎，重新踏上革命的征程。它也将带领我们跨越前人设定的思维藩篱，让我们站得更高、看得更远。

# 参考文献


[1] 刘国治,周传明. 高功率微波源与技术[M]. 北京:清华大学出版社,2005.

[2] 刘盛纲. 相对论电子学[M]. 北京:科学出版社,1987.

[3] 周传明,刘国治,等. 高功率微波源[M]. 北京:原子能出版社,2007.

[4] James Benford, John Swegle, Edl Schamiloglu. 高功率微波[M]. 江伟华,张弛译. 北京:国防工业出版社,2009.

[5] 徐锐敏,唐璞. 微波技术基础[M]. 北京:科学出版社,2009.

[6] 张克潜,李德杰. 微波与光电子学中的电磁理论[M]. 北京:电子工业出版社,2001.

[7] S. T. Pai, Q. Zhang. Introduction to High Power Pulse Technology[M]. WORLD SCIENTIFIC Press, 1995.

[8] 王莹. 高功率脉冲电源[M]. 北京:原子能出版社,1991.

[9] 常超. 高功率微波系统中的击穿物理[M]. 北京:科学出版社,2015.

# 后　记

熟悉我的人看到这本书后一定会说，“哎呀，这家伙人前温文尔雅，人后怎能如此鸡贼万千？写本书还脏话连篇，真是斯文扫地！”

我想通过本书表达一下自己对高功率微波这门技术以及从业道德的一些看法和观点，搞技术就不可避免有技术路线之争，有了争端就必须解决，解决方法有很多种，有的人以理服人，有的人以德服人，这都行，但是有的人专以忽悠服人，这就不行，我看不惯。我写这本书虽然也会有自己的偏颇，但是绝对不忽悠。大家想了解的有关高功率微波基本知识在这里都能找到，但是更深层次的理论问题可能没有，我不爱写那些东西。

我是一个有梦想的人，但是梦想并不是高功率微波。说实话，对这个行当我开始印象一般，因为它埋葬了我最初的梦想，但是后来也就慢慢喜欢上了。它虽然并不是我心中理想的职业，但是它给了我成长的机会和实现更高理想的契机，当我离最初的梦想愈来愈远的时候，上帝给我打开了一扇看得更远的窗。通过这扇窗我看到了理想、看到了责任、知道了担当，它给了我一个没有想到的选择，充满了惊喜而不是惊吓。

# 致　谢

写这本书过程是开心的，但是不是拿来出版是纠结的，在这个过程中很多次想到过放弃，但是总能得到在身边和不在身边的朋友和同行们发自内心的鼓励和帮助，我要谢谢你们。没有你们的鼓励和支持我不会有如此的耐心和坚持，你们是我坚强外表下脆弱内心的支点，知我、为我，因此我对你们的帮助永铭于心。

感谢恩师刘国治院士，严师教诲，未曾一刻敢忘；感谢领导赵同凯高工、李红亮高工、黄文华研究员、宁辉研究员，你们的悉心指导和发自内心的坚定支持对我非常重要；感谢同事陈昌华、苏建昌、孙钧、李梅、曹雨、肖仁珍、常超等支持我的兄弟姐妹们；感谢苗天泽在修改书稿时付出的努力；感谢发小李野和李翠花儿，虽然你们自看到书稿起骂了我整整七天才消停，你俩没有知识，但有文化，没有学历，但有经历，你们在传奇经历中所悟到的人生哲理是我这个书呆子的一万倍；感谢西安美术学院的李婉莹同学，是你倾情泼墨，化诗为境，为本书插图平添光彩。感谢我的所有朋友和同事，我爱你们。